ÉTUDES

L'ASTRONOMIE INDIENNE,

PAR M. BIOT.

(EXTRAIT DU JOURNAL DES SAVANTS.)

1859

AVERTISSEMENT

SUR

CES ÉTUDES D'ASTRONOMIE INDIENNE.

Plusieurs circonstances favorables se sont réunies pour me faire entreprendre aujourd'hui ce sujet de recherches que j'avais depuis longtemps le désir d'aborder. Il y a une vingtaine d'années, qu'à la suite d'un long travail sur l'ancienne astronomie chinoise, qui a été publié en entier dans le *Journal des Savants*, je fus conduit à reconnaître que les 28 divisions stellaires, appelées par les Hindous *nakshatras*, ou *mansions de la lune*, qui ont été admises par tous les savants européens comme constituant un *zodiaque lunaire* propre à l'Inde, ne sont, en réalité, que les 28 divisions stellaires des anciens astronomes chinois, détournées de leur application astronomique, et transportées par les Hindous à des spéculations d'astrologie, qui seraient géométriquement incompatibles avec les inégalités de leurs intervalles, s'ils ne les y adaptaient, tant bien que mal, au moyen de conventions artificielles suffisamment satisfaisantes pour la crédulité populaire. Cela m'avait fait soupçonner que toute cette science astronomique, dont les brames disent être en possession depuis des millions d'années, pourrait bien n'être ni si ancienne, ni si purement indienne, qu'on l'avait cru sur leur parole, et je souhaitais fort de pouvoir m'en éclaircir en étudiant les traités d'astronomie indiens de diverses époques, à commencer par celui qui est considéré comme un texte sacré dont tous les autres dérivent, et que l'on appelle le *Sûrya-Siddhânta*.

C'est ce projet que je viens d'accomplir, grâce à l'assistance que m'ont prêtée mes savants confrères de l'Académie des inscriptions. D'abord, pour les temps modernes, vers la fin de l'année dernière, M. Mohl me fit connaître et me mit dans les mains un traité usuel d'astronomie indienne, que les missionnaires américains, établis dans l'île de Ceylan, avaient traduit du sanscrit en tamul pour l'instruction de leurs élèves, et qu'ils ont publié depuis peu d'années à Ceylan même, en l'accompagnant d'une version anglaise. C'est un cadre très-utile à explorer, et beaucoup plus que ne le serait un ouvrage du même ordre dans notre Europe. Car, d'après les analyses des traités d'astronomie propres à l'Inde, que l'on trouve dans les *Mémoires de la Société de Calcutta,* tous, les plus anciens comme les plus modernes, sont identiques, pour le fond, les uns aux autres. Tous se composent uniquement de règles abstraites, je dirais volontiers de recettes exprimées en stances versifiées, indiquant de certaines suites d'opérations numériques qu'il faut successivement effectuer pour obtenir les positions apparentes du soleil, de la lune, et des cinq planètes principales; tout cela, sans aucune intervention quelconque de démonstrations ou de raisonnements théoriques, ni d'observations justificatives, ni, au moins en apparence, de doctrines ou de déterminations étrangères à l'Inde; de sorte que c'est uniquement dans ces recettes mêmes, qu'il faut chercher et découvrir les théories astronomiques qu'elles représentent, et les sources, indigènes ou étrangères, d'où elles sont dérivées. Les savantes études des ouvrages sanscrits, que l'on doit à Colebrooke, à Davis, à Bentley, tout étendues et consciencieuses qu'elles sont, ne fournissent pas de données suffisantes pour remonter à ces origines. Elles ont pour objet spécial d'exposer les procédés numériques de l'astronomie indienne, non pas d'en sonder les fondements; ce qu'ils sont d'autant moins portés à faire, qu'avec tous les savants européens du XVIIIe siècle, ils admettent comme indubitable la haute antiquité des connaissances astronomiques dont les Hindous se vantent, et que, n'étant pas eux-mêmes des astronomes pratiques, ils n'ont pas le sentiment des difficultés, des impossibilités, que présentent certaines déterminations phénoménales, qui se trouvent consignées et employées dans les livres qu'ils analysaient.

Si l'on veut voir avec quelle force cette confiance absolue dans les assertions des brames était alors établie, on n'a qu'à lire dans l'*Histoire de l'astronomie ancienne* de Delambre, l'analyse détaillée du traité de Bailly sur l'astronomie indienne, et des *Mémoires de la Société de Calcutta* sur le même sujet. Partout, dans cette analyse, Delambre confesse avec hésitation les doutes, les invraisemblances, que présentent à son sens pratique, l'immense antiquité attribuée à la science indienne, et l'originalité d'invention qu'on lui suppose; mais il n'ose déclarer ouvertement ce qu'on voit qu'il en pense, craignant de heurter de front un préjugé trop puissant. Aujourd'hui la critique érudite est plus libre, et elle ne redoute pas les opinions nouvelles, quand elle peut les appuyer sur la discussion des documents originaux. C'est l'avantage que j'ai dû à l'assistance bienveillante, dévouée, infatigable, que m'a prêtée notre savant indianiste, M. Adolphe Regnier. Par lui j'ai pu pénétrer dans les textes sanscrits, comme s'ils m'étaient directement accessibles. J'ai pu ainsi vérifier les citations, les traductions qu'en avaient données les membres de la *Société de Calcutta*, connaître et mettre à profit les indications d'origine étrangère aperçues par d'autres savants indianistes, puiser enfin dans le *Sûrya-Siddhânta* lui-même les détails qui m'étaient nécessaires, pour apprécier les procédés d'observation, ainsi que les pratiques qu'on y voit mentionnées; toutes choses, sans lesquelles je n'aurais jamais, non-seulement effectué, mais tenté d'effectuer ce travail. J'ai reçu encore d'autres secours. M. Munk m'a traduit de l'arabe deux passages d'astronomes hindous fort renommés, Varahmihira et Brahmagupta, qui ont été rapportés par Albirouni, et qui ont une importance capitale dans la question qui m'occupait. D'autres m'ont été fournis par le savant mémoire de M. Reinaud sur l'Inde. Tout récemment encore, M. Stanislas Julien m'a fait connaître un document chinois dans lequel les 28 divisions stellaires qui servent de fondement à l'astronomie chinoise, sont présentées en correspondance avec les 28 nakshatras des Hindous. Or ce tableau composé en Chine, il y a je ne sais combien de siècles, s'est trouvé absolument identique, dans son ensemble comme dans ses détails, avec celui que j'avais construit moi-même, il y a vingt ans, d'après mes propres études, et publié alors dans le *Journal des Savants;* ce qui m'a donné confiance dans les vues que j'avais émises. Cet ensemble de secours qui est venu si heureusement en aide à mon insuffisance, m'a fait apprécier une fois de plus, l'utilité des relations intellectuelles que l'Institut de France établit entre les membres des diverses académies qui le composent, relations qui rendent exécutables des travaux mixtes que, sans elles, on ne pourrait pas aborder. Si, dans cette circonstance, elles m'ont conduit à me faire sur l'antiquité et l'originalité de la science astronomique des Hindous une opinion toute contraire à celle qu'on en avait eue jusqu'ici, je ne me la suis pas faite sans preuves, et sans l'avoir longtemps méditée. Je réclame donc de l'équité des indianistes et des astronomes, qu'ils veuillent bien examiner et peser ces preuves, avant de rejeter les conclusions auxquelles je suis parvenu, tout étranges qu'elles puissent leur paraître.

13 septembre 1859.

THE ORIENTAL ASTRONOMER, *etc. L'astronome d'Orient, offrant un
système complet d'astronomie indienne, traduit du sanscrit en tamoul,
avec la traduction du texte en anglais, et de nombreuses notes ex-
plicatives. Un volume in-8° de 145 pages, imprimé par les presses
de la mission américaine établie à Batticotta, île de Ceylan. Jafna,
1848.*

————◦◦————

ARTICLES DE M. J. B. BIOT,

EXTRAITS DU JOURNAL DES SAVANTS (CAHIERS D'AVRIL, MAI, JUIN, JUILLET, AOÛT
ET SEPTEMBRE 1859).

————

PREMIER ARTICLE.

Ce volume, parvenu bien tard en Europe, mérite d'être signalé à
des titres divers. Comme nouveauté principale, on y trouve un exposé
complet de l'astronomie indienne, entièrement tiré des textes originaux,
et présenté ainsi aux lecteurs européens à l'état d'ensemble. A la vérité
ces textes sont de dates récentes; l'un d'eux même, rédigé dans l'île
de Ceylan par un indigène, ne remonte pas plus haut que l'année
1788. Mais tous les traités d'astronomie propres à l'Inde, ceux qui sont
réputés les plus anciens, comme les plus modernes, sont identiques
pour le fond les uns aux autres; ils ne diffèrent que par des modifications de détail, dues à l'infiltration de la science européenne soigneusement dissimulée. Tous se composent uniquement de règles abstraites,
je dirais volontiers de recettes, exprimées en stances versifiées, indiquant de certaines suites d'opérations numériques, qu'il faut successivement effectuer pour obtenir les positions apparentes du soleil, de
la lune et des cinq planètes principales, en vue de leur application aux
usages, soit civils, soit astrologiques, comme aussi pour présager les
éclipses de lune et de soleil; tout cela, sans aucune intervention quelconque de démonstrations ou de raisonnements théoriques, ni, au moins
en apparence, d'idées, de doctrines ou de déterminations étrangères à
l'Inde; en quoi la présence continue et active de la science européenne

1

n'a, jusqu'ici, nullement modifié les habitudes nationales. Aux yeux des Hindous, les règles dont leur science astronomique se compose n'ont pas besoin d'être justifiées, parce qu'elles proviennent immédiatement d'une révélation divine. Mais l'esprit scrutateur des Occidentaux lève ces voiles. Dans un glossaire fort étendu, placé à la fin du présent ouvrage, les termes sanscrits ou tamouls, qui désignent les principales phases des computations indiennes, sont traduits par les équivalents qui les représentent dans notre calcul astronomique européen; ce qui découvre clairement la marche intentionnelle de ces computations, l'élément particulier que chacune a pour objet d'établir, et leur identité plus ou moins complète avec celles que notre science raisonnée nous prescrit.

Cette collection de documents hindous, leur traduction du sanscrit en tamoul, qui est un des dialectes usités dans la moitié méridionale de la presqu'île de l'Inde, et en particulier à Ceylan, où la mission américaine réside, leur arrangement judicieusement ordonné, les considérations qui montrent leurs rapports avec la science européenne, tout ce travail, dis-je, n'a pas été entrepris et exécuté pour un but mondain d'érudition scientifique ou littéraire. C'est l'œuvre, morale à la fois et savante, d'un des missionnaires américains, M. H. R. Hoisington, qui a jugé utile et nécessaire d'initier les élèves de la mission aux pratiques de l'astronomie indienne, pour les mettre en état de combattre les innombrables et enracinées superstitions dont elle est l'instrument universel parmi les populations indigènes. Il trace un tableau effrayant de ces misères mentales dans une introduction écrite en tamoul, et accompagnée de la traduction anglaise: « L'astronomie indienne, dit-il, est « la base d'un immense système d'astrologie. Les mouvements *réels* (il « aurait dû plutôt dire *apparents*) des planètes, et leurs positions rela-« tives, sont mis en connexion systématique avec une multitude de « subdivisions arbitraires des (douze) signes du zodiaque, et avec vingt-« sept (autres) divisions du ciel, appelées *mansions lunaires*. A cela on « associe un nombreux assemblage d'êtres fictifs, quadrupèdes, oiseaux, « arbres, lesquels, combinés et organisés en un vaste ensemble mytho-« logique, composent une théorie bien plus compliquée et difficile à « comprendre que l'astronomie véritable; théorie, dont les possesseurs « font profession de prévoir les événements futurs, et d'en déduire « des principes infaillibles pour régler la conduite des personnes de tout « état, de tout âge, dans chaque circonstance de leur vie. Ces dogmes « astrologiques interviennent, souverainement et sans cesse, dans les « arrangements domestiques et les pratiques du peuple. Ainsi, il y a des

« jours, des mois, heureux ou malheureux, dont l'indication est inces-
« samment consultée, pour régler les relations de famille, les mariages,
« l'établissement des enfants. Aucune pratique du paganisme n'exerce
« une influence plus forte, plus constante, sur toutes les classes de la
« population indienne ; et c'est en étudiant ses effets que l'on peut voir
« à nu la profondeur de l'esclavage moral où elle est plongée. »

Après avoir ainsi fait connaître la nature des matériaux qu'il a rassemblés dans cet ouvrage et le but pour lequel il l'a composé, le res-
pectable rédacteur consacre le reste de son introduction à l'exposé des
origines de l'astronomie indienne, et de ses rapports avec la science
astronomique des nations anciennes ou modernes, étrangères à l'Inde.
Mais, dans ce travail de discussion historique, n'ayant plus à manier
des documents positifs, il marche à la lumière incertaine d'une érudition empruntée, et le terrain manque sous ses pas. Il serait inutile de
l'y suivre, et il ne faut pas lui faire un crime de s'y être égaré, après
tant d'autres. Son ouvrage nous offre un sujet d'étude qui sera plus
profitable qu'une vaine critique. Il nous met sous les yeux l'ensemble
complet de l'astronomie indienne, authentiquement établi sur des textes
originaux. Rassemblons autour de ce document les données de détail
éparses dans les mémoires des savants de Calcutta ou d'Europe, en y
joignant celles que fournissent d'autres sources maintenant ouvertes, et
qu'ils n'avaient pas connues. De ces éléments d'investigation combinés,
on verra, je crois, résulter avec évidence, que la science astronomique
dont les Hindous se vantent comme leur étant propre, et dont ils font
remonter l'établissement primitif à une antiquité fabuleuse, repose sur
des données d'observations qui leur sont étrangères et proviennent
d'emprunts historiquement fort récents. Si j'annonce d'avance cette
conséquence, c'est seulement pour me donner le droit de signaler les
particularités qui doivent y conduire à mesure qu'elles se présenteront.
Car d'ailleurs je me garderai soigneusement de toute prévention dans
l'exposé des faits de la cause, et j'y apporterai la fidélité scrupuleuse
d'un juge d'instruction.

Pour ne point se fourvoyer dès les premiers pas que l'on fait dans
cette étude, il faut y envisager, séparément l'un de l'autre, deux sujets
de recherches essentiellement distincts, que l'on a presque toujours
confondus. Le premier a pour objet les pratiques de calcul proprement
astronomiques, qui servent à prévoir les positions apparentes du soleil,
de la lune, et des cinq planètes principales. Le second, spécialement
astrologique, se rapporte à un mode particulier de division du ciel, en
28 segments équatoriaux d'inégales grandeurs, que les Hindous ap-

pellent *nakshatras* ou *mansions de la lune*, et que les savants européens ont généralement accepté d'après eux, comme constituant en réalité un *zodiaque lunaire*, propre à l'Inde, où il aurait été établi depuis un temps immémorial. Quand nous en viendrons là, je montrerai clairement que cette institution bizarre n'a été de leur part qu'un emprunt, dont l'emploi, détourné de son usage primitif, est devenu le sujet d'une véritable mystification scientifique, pour les Arabes d'abord, ensuite pour les Européens. Mais je réserve cette discussion pour un article séparé, voulant d'abord, dans celui-ci, analyser seulement les méthodes indiennes qui s'appliquent aux déterminations astronomiques.

J'ai déjà annoncé que ces méthodes se composent uniquement de préceptes abstraits, énoncés sans démonstration ni explication quelconques, au moyen desquels, en opérant seulement par addition, soustraction, multiplication, division, sur certains nombres assignés, on obtient, en définitive, chaque élément astronomique dont on a besoin. Comment saisir le fil secret qui dirige ces séries d'opérations, et découvrir la doctrine scientifique qui se cache sous leur ensemble? Voilà le problème qu'il nous faut d'abord résoudre.

On y parvient en les suivant pas à pas, avec la connaissance des mouvements apparents qu'elles sont destinées à représenter. Tous ces mouvements sont révolutifs. Le soleil, la lune, chaque planète, accomplit le sien dans une période de temps qui nous est connue. Or on y distingue toujours une partie principale presque constante, appelée *le mouvement moyen*, dont la marche uniforme est occasionnellement modifiée par des variations d'une amplitude beaucoup plus restreinte, que l'on appelle *des inégalités*. Chacun de ces éléments fondamentaux devra nécessairement se manifester à nous dans les opérations indiennes, par les retours réguliers des nombres d'inégales grandeurs qui les expriment, et qui nous sont d'avance connus pour chacun des astres considérés. Il faudra découvrir aussi l'instant physique à partir duquel les révolutions successives s'énumèrent. Cette origine, que nous appelons *l'époque des tables astronomiques*, se révèlera par la constance de son emploi, dans les computations indiennes effectuées pour des instants divers. Elle est une des arbitraires des calculs astronomiques. L'auteur de chaque système d'opérations, ou de tables, la choisit à son gré, selon sa convenance; généralement de manière qu'elle soit antérieure à toutes les applications qu'il veut faire. Ptolémée, par exemple, place la sienne au jour de l'avénement du roi chaldéen Nabonassar, à midi vrai au méridien d'Alexandrie[1], parce que

---

[1] Cet instant coïncide avec le midi vrai du mercredi 26 février 3967 de la pé-

le phénomène céleste le plus ancien qu'il pût rattacher à son temps, par une énumération continue de jours et d'heures, était une éclipse de lune observée à Babylone dans la 27ᵉ année de ce roi. Pareillement, Delambre a placé l'époque de ses tables du soleil, au 1ᵉʳ janvier de l'année de l'ère chrétienne 1750, à minuit moyen de l'observatoire de Paris, parce que les observations qu'il a jugées suffisamment exactes pour les employer à la construction de ces tables, ne remontent pas plus haut. Mais rien ne l'aurait empêché, s'il l'eût voulu, de prendre pour époque toute autre date plus ancienne, en y reportant, par un calcul rétrograde, les éléments des mouvements qu'il avait conclus d'observations plus récentes. Il ne faut pas perdre de vue ce caractère essentiellement conventionnel des époques astronomiques, car faute de le faire on s'exposerait à prendre des fictions de calcul pour des phénomènes réellement observés. C'est ce qui est arrivé à Bailly, et, après lui, à beaucoup d'autres.

Quand on aura ainsi découvert les bases numériques et le but intentionnel des pratiques indiennes, on pourra les reconstruire en méthode scientifique, et voir ce qu'elles renferment de propre ou d'étranger au pays où on les trouve établies.

Ce procédé de déchiffrement a été appliqué, pour la première fois, par Dominique Cassini, aux règles de l'astronomie siamoise, que le chevalier de la Loubère, ambassadeur de Louis XIV, avait rapportées en manuscrit de Siam, après les avoir fait traduire en français sur les lieux mêmes, par les missionnaires qui lui servaient d'interprètes[1]. En suivant comme je l'ai dit, pas à pas, les opérations que ces règles prescrivent, Cassini y démêla d'abord deux ordres de nombres. Les uns exprimaient des périodes d'années solaires, de mois lunaires, de diverses révolutions célestes, ou les rapports de leurs grandeurs respectives. Les autres désignaient les *époques absolues*, à partir desquelles chacune de ces périodes doit commencer à s'énumérer. De sorte qu'en combinant successivement ces données entre elles, comme les règles le prescrivent, on est conduit tout droit, sans explication, et sans livres, aux déterminations astronomiques, actuellement applicables à toute date désignée. Cassini découvrit ensuite une époque qui lui parut servir d'origine commune à toutes les périodes employées dans ces computations. Elle répond au samedi 21 mars de l'an 638 de l'ère chrétienne, à 3 heures du matin au méridien de Siam. Mais certaines corrections de détail, impliquées dans les calculs, lui firent juger qu'elle avait été originairement établie

riode Scaligérienne, an 746 avant l'ère chrétienne, date astronomique. — [1] *Du royaume de Siam*, par M. de la Loubère, envoyé extraordinaire du roi Louis XIV auprès du roi de Siam, en 1687 et 1688, t. II, p. 142 et suiv.

pour un méridien plus occidental, qui se trouva être celui de Bénarès, un des centres de la science brahmanique. Les tables du soleil et de la lune qui étaient en usage au temps de Cassini, lui indiquaient ce 21 mars comme ayant été le point de concours de plusieurs phénomènes remarquables : le soleil était à l'équinoxe vernal ; la lune nouvelle ; la conjonction moyenne équinoxiale et presque écliptique ; ce qui avait amené une grande éclipse de soleil quatorze heures après. La réunion de toutes ces circonstances rendait en effet très-convenable de prendre une telle époque pour origine de mouvements révolutifs qui devaient s'en dériver par des périodes de temps. Toutefois, Cassini ne trouvait pas que l'équinoxe vernal de l'année 638, théoriquement calculé par les tables du soleil, coïncidât précisément avec ce 21 mars ; ce qu'il attribuait aux incertitudes que pouvaient comporter leurs indications de la date absolue d'un tel phénomène. Mais la discordance est très-réelle. Car cet équinoxe eut lieu le 18 mars, non le 21. Cela infirme donc la communauté d'origine que Cassini avait admise ; et en effet, quoiqu'elle dût lui paraître très-vraisemblable, elle n'était pas, en réalité, tout à fait exacte pour ce temps-là.

Cassini reconnut encore que, dans les computations spécialement astronomiques, les Siamois employaient une année solaire sidérale contenant $365^j 6^h 12^m 36^s$. C'est la même qui est prescrite dans le *Sûrya-Siddhânta*, le plus ancien traité d'astronomie indienne que nous possédions en Europe, et que les Hindous considèrent comme révélé. Mais, par une conséquence de sa première erreur, Cassini leur attribua pour origine l'équinoxe vernal de l'année 638, tandis que, suivant le précepte établi dans le *Sûrya-Siddhânta* et universellement adopté par les auteurs hindous, elle commence à l'instant où le soleil atteint une toute petite étoile de la constellation grecque des Poissons, qui est désignée dans nos catalogues par la lettre ζ, laquelle, en 638, se trouvait un peu à l'orient du point équinoxial. Or Cassini ne pouvait pas imaginer que des astronomes qui observaient à la vue simple, auraient placé ainsi l'origine de leurs longitudes sidérales dans un point du ciel à peine perceptible, sans s'inquiéter des difficultés d'application continuelles qu'un tel choix devait entraîner.

Cette forme d'année sidérale ne sert que dans les calculs astronomiques. Dans le calendrier civil et les computations astrologiques, Cassini constata l'emploi exclusif de périodes lunisolaires, commençant au solstice d'hiver, et impliquant une année tropique de $365^j 5^h 55^m 13^s,77$, à peine différente de celle de Ptolémée, dont elle reproduit presque identiquement l'erreur. En outre, ces années civiles s'énumèrent à partir d'une époque initiale beaucoup plus ancienne que l'astronomique. En effet, d'après des lettres officielles, et d'autres documents datés, que lui avait remis M. de la Loubère, notre année grégorienne 1687 se trouvait concorder avec la 2231ᵉ de ces années siamoises, ce qui rapporte leur origine à 544 ans avant l'ère chrétienne. Cassini se montre quelque peu surpris d'une date qui remonte au temps de Pythagore, et il se demande si l'institution de cette année civile ne serait pas en rapport avec le séjour du philosophe grec dans l'Inde. Les lecteurs du *Journal des Savants* n'auront pas besoin de recourir à des communications si éloignées. Car, dans un article de M. Barthélemy Saint-Hilaire, inséré au cahier de juin 1858, p. 344, ils ont pu voir que la chronique singhalaise *le Mahâwansâ*, qui a été écrite en l'an 420 de l'ère chrétienne, place à l'an 543 ou 544 avant cette ère, la mort physique de Bouddha ou son entrée dans le Nirvâna[1]; et cette tradition religieuse, transmise des Singhalais aux Siamois avec le culte de Bouddha, a pu être fort postérieurement adoptée par eux pour origine d'une forme d'année civile. En général, le choix des ères chronologiques est, comme celui des époques astronomiques, tout à fait conventionnel. Leur usage chez un peuple ne suppose nullement que l'institution en ait été contemporaine de l'événement auquel on la rapporte. Ainsi, notre calendrier chrétien, qui a pour ère la nativité du Christ, a été établi bien postérieurement à ce fait, dont l'époque absolue n'est pas même aujourd'hui rigoureusement fixée[2]. Car on sait qu'il fut rattaché conventionnellement à cette origine par une computation rétrograde, sur la proposition d'un savant religieux appelé *Denys le Petit*, qui vivait sous l'empereur Justinien. Les chrétiens, jusqu'alors avaient compté les années comme les Romains, suivant le calendrier de Jules César. Pareillement, les années lunaires du calendrier actuel des Arabes se comptent à partir d'une époque appelée par eux *l'hégire* ou *l'ère de la fuite*, parce qu'ils admettent que la première de ces années contient le jour où Mahomet se réfugia de la Mecque à Médine pour échapper à ses persécuteurs. Mais les règles de calcul unanimement attachées à ce système d'années par les astronomes orientaux,

---

[1] Le texte du *Mahâwansâ* a été découvert à Ceylan par un savant indianiste, M. Turner, qui avait résidé longtemps dans cette île; il l'a traduit du pâli en anglais sur les lieux; et sa traduction imprimée à Ceylan même, par les presses de la mission américaine, a été publiée en 1836 sous ce titre : *The twenty chapters of the Mahâwansâ*, with a prefatory essay by the Hon. George Turner of the Ceylon civil service, Batticotta church mission press, 1836. M. Barthélemy Saint-Hilaire a donné l'analyse de cet ouvrage, dans l'article que j'ai cité. — [2] Petau, *Rat. temp. pars secunda*, p. 16, in-12, 1652.

montrent avec évidence que leur origine, devenue l'ère arabe vulgaire,
a été fixée postérieurement au fait par un calcul rétrospectif, d'après un
choix de circonstances phénoménales, pareil à celui que les Grecs
avaient adopté pour l'établissement de leurs périodes lunaires[1]. L'ère
bouddhique des Siamois n'a également d'autorité rétrospective que
celle qu'elle tire de sa conformité avec la chronique singhalaise, appelée le *Mahâwansâ*. Or cette chronique ayant été rédigée en l'an 420
de notre ère, sur des documents traditionnels entremêlés de légendes
fabuleuses, elle n'aurait elle-même qu'une autorité chronologique bien
faible pour fixer la date précise d'un événement qui lui est antérieur
de mille années. Toutefois la crédulité des Siamois a pu très-bien s'en
accommoder. Un usage populaire, lié aux croyances religieuses, n'a pas
besoin pour s'établir d'être fondé sur des calculs rigoureux.

Ce caractère purement conventionnel des époques astronomiques et
des ères chronologiques est surtout indispensable à reconnaître quand
on s'occupe de l'astronomie des Hindous. Car, effectuant presque toutes
leurs computations par des périodes révolutives de temps, ils y ont multiplié à l'infini ces fixations d'origine, qu'il faut bien se garder de prendre
pour des dates de phénomènes réellement observés.

J'ai insisté avec quelque détail sur cette première interprétation si habile
donnée par Cassini des règles de l'astronomie indienne qui avaient été
rapportées de Siam en 1687, parce que la même méthode de déchiffrement s'est appliquée, avec un égal succès, à toutes celles que la Société
de Calcutta nous a fait connaître depuis, d'après les livres sanscrits
mêmes; toutes étant pareillement présentées sous la forme de recettes
numériques non disputables, qui ne sont que des variantes plus ou
moins complexes d'un type commun. Omettant donc les communications intermédiaires, qui, trop incomplètes et obtenues sans la connaissance de la langue et des croyances indigènes, n'ont suggéré aux savants
d'Europe que de vains systèmes, j'arrive tout de suite à ces derniers
documents.

De tous les anciens livres d'astronomie écrits en sanscrit, le plus vé-
néré, celui que les Hindous considèrent comme leur Évangile astronomique, et qui a servi de base à tous leurs traités postérieurs, s'appelle le
Sûrya-Siddhânta ; ce qui, d'après la traduction littérale que notre savant
indianiste, M. Ad. Regnier, m'a donnée de ce titre, signifie proprement :
Vérité certaine, révélée par Sûrya (le soleil). Il ne porte ni date de pu-

---

[1] Biot, *Résumé chronologique, Mémoires de l'Académie des sciences,* t. XXII, p. 461
et suiv.

blication, ni nom d'auteur. On n'en a pas encore donné de traduction complète dans les langues européennes. Mais les savants indianistes de la Société de Calcutta, particulièrement Samuel Davis, Bentley, Colebrooke, en ont traduit des passages assez étendus et assez nombreux pour faire parfaitement connaître toutes les données numériques d'astronomie qu'il renferme, ainsi que les préceptes qu'on y donne sur la manière de les employer; si bien, qu'eux-mêmes ont pu s'en servir avec succès pour calculer d'avance des éclipses de lune et de soleil, comme l'aurait fait un Hindou. Nous pouvons donc tirer aujourd'hui de leurs recherches la nature et l'esprit des méthodes dont cette science astronomique se compose; d'autant plus sûrement que nous les trouvons reproduites et rassemblées, dans l'ouvrage publié par la mission américaine de Ceylan sous le titre, *The oriental Astronomer*, qui m'a fourni l'occasion du présent article. D'après ces documents, complétés, au besoin, par l'assistance de M. Regnier, je vais d'abord résumer et caractériser les règles indiennes du *Sûrya-Siddhânta*, qui sont réputées les plus anciennes. La question d'origine viendra après.

Pour ne pas compliquer cette exposition par l'emploi de mots hindous dont l'étrangeté fatiguerait inutilement des lecteurs européens, je dirai d'abord que les constructions géométriques et les conventions numériques, usitées dans l'astronomie indienne, sont toutes, ou presque toutes identiques à celles qui étaient en usage dans l'astronomie grecque; de sorte qu'ayant une signification commune, je pourrai les désigner par les mêmes dénominations auxquelles nous sommes accoutumés. Seulement, pour signaler, au besoin, les particularités philologiques, qui pourraient donner occasionnellement aux termes sanscrits des caractères spéciaux d'origine, soit indigène, soit étrangère, je m'appuierai, comme je l'ai fait déjà, sur les interprétations qui me seront fournies par M. Regnier.

Les Hindous, comme les Grecs, partagent la circonférence en 360° qu'ils fractionnent aussi en parties plus petites, identiques à celles que nous appelons minutes, secondes, tierces, etc. suivant tous les ordres de la subdivision sexagésimale[1]. D'après ce que m'a appris M. Regnier, les noms par lesquels ils désignent ces diverses fractions n'offrent aucun caractère d'application spécialement astronomique. Ils ont seulement le sens général de collections ou de parties d'un tout[2]. Ils conçoivent pa-

---

[1] *Sur les calculs astronomiques des Hindous*, par Samuel Davis, *Asiatic Researches*, tome II, page 232. — [2] Il m'a paru essentiel, pour la question historique, de connaître précisément la signification, générale ou particulière, des noms par lesquels les Indiens désignent ces divers ordres de subdivisions ainsi que leurs rapports,

reillement dans le ciel deux cercles abstraits, dont l'un représente l'équateur céleste, l'autre l'écliptique, route apparente du soleil, celui-ci incliné sur le premier de 24°, comme dans Ptolémée; et cette évaluation de leur obliquité mutuelle a été invariablement conservée dans tous les traités postérieurs au *Sûrya-Siddhânta*, quoique l'angle compris entre les deux cercles célestes soit devenu depuis notablement moindre, et qu'antérieurement il ait dû être plus grand. Cela semblerait montrer que l'astronomie des Hindous n'est pas d'une date si ancienne qu'ils le prétendent; ou que, dans ces temps-là, ils étaient aussi peu habiles aux observations qu'ils le sont encore aujourd'hui.

Ils divisent, comme les Grecs, le cercle écliptique, en douze parties égales, ou signes, comprenant chacun trente degrés sexagésimaux; et ils les énumèrent aussi consécutivement dans l'ordre suivant lequel le soleil les parcourt. Un autre trait de conformité, d'autant plus remarquable qu'il porte sur une dénomination dont le choix est tout à fait arbitraire, c'est qu'ils appellent le premier de leurs signes écliptiques *mesha*, nom

dans leur application abstraite à la circonférence du cercle ou aux signes de l'écliptique. Tel est le sujet de la note suivante qui m'a été remise par M. Regnier.

Transcription et traduction littérale du çloka qui contient la division du cercle écliptique et qui est cité par Davis, As. Res. t. II, p. 232.

> Vikalânâm kalâ shashṭyâ tatshashṭyâ bhâga utchyate
> Tattrimçatâ bhaved râçir bhagaṇo dvâdaçaiva te.
>
> (*Sûrya-Siddhânta*, I, 28.)

« Par une soixantaine de *vikalas*, une *kalâ*; par une soixantaine de celles-ci, un *bhâga* est dit « (formé); par une trentaine de ceux-ci serait (fait) un *râçi*; ceux-là (les *râçis*, au nombre de) « douze (sont) le *bhagana*[*]. »

Kalâ signifie proprement « part, portion. »

Vikalam (formé de *kalâ*, et de *vi*, qui marque division) signifie « fraction de part. »

Bhâga (de la racine *bhadj*, « diviser ») veut dire « division. »

Râçi, « monceau et quantité. »

Bhagana, qui désigne « la route du soleil à travers les *râcis*, » et que le *Sûrya-Siddhânta* emploie très-souvent aussi pour les révolutions des corps célestes en général, est formé de *bha* « astre, astérisme, » mot très-fréquemment employé dans le *Sûrya-Siddhânta*, et de *gana* « troupe, série; » ainsi comopsé, il signifierait au propre « troupe » ou « série d'astérismes. »

Le mot *bhagana*, écrit comme il l'est ici, avec le premier *a* bref et le *ṇ* cérébral, en sanscrit भगण, ne se trouve pas dans le dictionnaire de M. Wilson. On y trouve seulement le mot *bhâgana*, avec le premier *a* long et le *n* dental, en sanscrit भागन, pour exprimer la période durant laquelle le soleil parcourt les douze signes du zodiaque (lisez « de l'écliptique »), et par ellipse le zodiaque lui-même. Ce dernier mot, *bhâgana*, qui vient, comme *bhâga*, de *bhadj* « diviser, » signifie au propre « division, chose divisée. »

[*] Les mots compris entre parenthèses ne sont pas dans le texte sanscrit.

qui signifie au propre, *le Bélier*. Et ils y comprennent les mêmes étoiles
que le mouvement de précession a fait entrer dans le signe grec,
quelques siècles après Ptolémée. Ainsi, ils le font commencer à une petite étoile, que Colebrooke et Davis ont indubitablement identifiée
avec celle que nous désignons par la lettre ζ dans la constellation grecque
des Poissons[1]; ce que je confirmerai ultérieurement par des documents
d'une nature toute différente, qui leur étaient inconnus. Cette étoile
est marquée dans le catalogue de Ptolémée comme étant presque dans
l'écliptique, et située à 7^a en arrière de l'équinoxe vernal de son temps.
D'après sa position exacte, que nous connaissons, la rétrogradation progressive de ce point a dû l'y mener vers l'an $572 \frac{77}{100}$ de l'ère chrétienne. Mais, si l'on faisait le même calcul en partant de la position que
Ptolémée lui donne, et en admettant la valeur qu'il assigne à la précession annuelle, on trouverait que cette coïncidence n'aurait dû avoir
lieu que dans l'année de notre ère 837. De sorte qu'un mathématicien
non astronome, qui aurait opéré ainsi sur la foi de son livre, aurait dû
la supposer effectivement telle à cette date. Or Colebrooke a constaté
que le *Sûrya-Siddhânta* prescrit de mesurer les distances angulaires des
astres à cette étoile ζ pour obtenir leurs longitudes comptées de l'équinoxe vernal, en indiquant d'ailleurs pour cela un procédé d'observation
à peu près impraticable[2]. Donc elle coïncidait effectivement, ou elle
était mathématiquement supposée coïncider avec l'équinoxe vernal au
temps où ce livre fut écrit, ce qui en placerait la composition dans le
dernier quart du vi^e siècle de notre ère, si la coïncidence fut effectivement constatée par une observation exempte d'erreur. C'est la conclusion de Colebrooke. Mais les astronomes pratiques trouveront, je crois,
le fait fort douteux. En général, déterminer par observation la distance
angulaire d'une étoile de l'écliptique au point équinoxial actuel, qui n'est
pas physiquement marqué sur le cercle céleste, c'est une opération
très-délicate et difficile, même avec l'ensemble des instruments per-
fectionnés que nous possédons. Comment l'auteur du *Sûrya-Siddhânta*,
avec l'instrument grossier que ses commentateurs nous décrivent, aurait-il pu l'effectuer, ou même tenter de l'effectuer pratiquement, sur
une petite étoile de quatrième grandeur comme ζ des Poissons, qui
s'aperçoit à peine à la vue simple? Et comment, d'après une pareille
épreuve, la coïncidence précise de cette étoile avec l'équinoxe vernal de
son temps aurait-elle pu lui paraître si indubitablement assurée, qu'en

[1] *Colebrooke Essays*, II, p. 344 et 464. « Davis on the astronomical computations
« of the Hindus. » *Asiatic Researches*, t. II, p. 269. — [2] *Colebrooke Essays*, t. II, p. 325.

tenant compte du déplacement relatif que ce point éprouve par l'effet de la précession, il osât choisir cette étoile pour l'origine physiquement invariable à partir de laquelle les longitudes sidérales du soleil, de la lune et des planètes, devront toujours être mesurées, pour conclure ensuite leurs longitudes vraies comptées de l'équinoxe mobile, convention qui a été depuis acceptée comme un rite par tous les astronomes hindous? Toute cette série de prescriptions peut s'expliquer, et même se justifier, si la coïncidence primitive avait été établie par une déduction mathématique analogue à celle que j'ai exposée; après quoi les longitudes sidérales se déduiraient de leurs valeurs initiales par des périodes révolutives, sans avoir besoin d'être mesurées par l'observation. Cela s'accorderait avec les applications des règles indiennes qui procèdent uniquement par des opérations numériques, sans consulter le ciel. Mais que la coïncidence initiale ait été établie par des observations immédiates, qui dussent être pratiquement réitérées avec les instruments que les auteurs hindous nous décrivent, on ne saurait le concevoir.

Ce n'est pas seulement le premier signe *mesha*, le Bélier, qui se trouve avoir une dénomination figurative, physiquement identique chez les Hindous et les Grecs. D'après un passage très-détaillé du *Sûrya-Siddhânta*, dont Colebrooke a donné la traduction littérale, la même identité de désignation existe pour chacun des onze autres signes, énumérés dans le même ordre que les Grecs leur ont donné[1]; et M. Regnier a bien voulu constater pour moi l'exactitude de ce fait, sur le manuscrit même du *Sûrya-Siddhânta* que la Bibliothèque impériale possède[2]. De là on peut, je crois, conclure en toute assurance que l'un des deux peuples a emprunté à l'autre cette suite de symboles. Car, étant tous entièrement et individuellement arbitraires, il n'y aurait aucune vraisemblance à supposer que les Hindous et les Grecs se seraient séparément accordés

[1] *Colebrooke Essays*, t. II, p. 349. — [2] Voici la note que M. Regnier m'a remise sur le résultat de son exploration; et je l'insère ici tout entière à cause du grand intérêt d'identification qu'elle présente.

NOTE DE M. REGNIER.

Noms des signes du bhagaṇa (du cercle écliptique) *dans le Sûrya-Siddhânta.*

Il n'y a point dans le *Sûrya-Siddhânta* d'énumération à part, complète et suivie, des signes du *bhagaṇa*. Il en est parlé comme de choses connues, et leurs noms sont employés çà et là, quand le sujet le demande, comme des mots qui ont cours et que tout le monde comprend. Parfois, quand on en a plusieurs à nommer, on ne dit que le premier avec un etc.

Voici ceux que j'ai trouvés en parcourant le poëme dans les trois fascicules imprimés qu'a

pour les prendre tous, sans exception, dans les mêmes objets matériels,
employés dans le même ordre d'application. Il restera donc à chercher
auquel des deux peuples on doit en attribuer l'usage primitif. C'est là
une question d'origine que nous réservons.

donnés jusqu'ici la *Bibliotheca indica;* et pour la fin, qui n'est pas encore publiée, dans le
manuscrit Burnouf du *Sûrya-Siddhânta* qui appartient maintenant à la Bibliothèque impériale :

1. Le Bélier. *Mesha,* i, 57; iii, 18, 42; xii, 45, 48, 57, 67; xiii, 6; xiv, 10.
   Adja, ii, 45; xiii, 11.
   (*Mesha,* comme nom commun, signifie « bélier, » et *adja,* « bouc, » au féminin, *adjâ,* « chèvre. »)

2. Le Taureau. *Vrisha,* viii, 11, 13, 20; xii, 66.
   (Comme nom commun, « taureau. »)

3. Les Gémeaux. *Mithuna,* viii, 10; xii, 64; xiv, 5.
   (Comme nom commun, « paire, couple. »)

4. Le Cancer. *Karka,* ii, 40, 49; iii, 19; xii, 49; xiii, 7; xiv, 9.
   Karkata, iii, 44; xii, 64.
   (Comme noms communs, les deux mots signifient « crabe. »)

5. Le Lion. — Son nom ordinaire, dans les autres livres d'astronomie, est *simhâ* « lion. » Je
   ne l'ai pas trouvé dans le *Sûrya-Siddhânta.* Il y a un passage où il devrait être
   nommé avec les trois signes qui le précèdent, en opposition aux « Scorpion,
   Sagittaire, Capricorne et Verseau; » mais, au lieu d'être désigné à part, il
   se trouve compris dans la tournure collective que voici : *Vrishâdye bhatcha-
   tushtaye* « dans les quatre astérismes (littéralement « dans le quatuor d'astérismes ») commençant par le Taureau. »

6. La Vierge. *Kanyâ,* xiv, 5, 6.
   (Comme nom commun, « jeune fille. »)

7. La Balance. *Tulâ,* i, 58; ii, 45; iii, 19, 44; xii, 45, 49, 58, 67; xiii, 7; xiv, 4.
   (Comme nom commun, « balance. »)

8. Le Scorpion. *Âlin,* xii, 66.
   (Comme nom commun, « scorpion. »)

9. Le Sagittaire. *Dhanuh,* xii, 63, 66; xiv, 5.
   (Comme nom commun, « arc. »)

10. Le Capricorne. *Makara,* i, 58; ii, 40, 49; xiv, 9.
    (Comme nom commun, « monstre marin. »)
    Mriga, iii, 19; ix, 12; xii, 49, 63, 66; xiii, 7.
    (Comme nom commun, « gazelle, bête fauve à cornes. »)

11. Le Verseau. *Kumbha,* xii, 66.
    (Comme nom commun, « pot à eau. »)

12. Les Poissons. *Animisha* (au singulier), xiv, 5.
    (Comme nom commun, « poisson, » littéralement « qui ne cligne, ne ferme
    pas les yeux. » Dans les autres ouvrages d'astronomie, ce signe est plus
    ordinairement appelé *mîna,* mot qui signifie également « poisson. »)

Voyez dans Weber, *Ind. Stud.* t. II, p. 259, 260, la liste des noms divers (au moins des
principaux) donnés en sanscrit aux signes du *bhagana,* mot que les indianistes traduisent
généralement par « zodiaque, » et dans les *Transact. of the lit. Soc. of Madras,* I, London,
p. 63-77, les noms grecs des signes écliptiques transportés eux-mêmes en sanscrit avec de
bizarres altérations.

A la vérité, si l'on en veut croire Bailly, on devrait admettre que tout cet ensemble de divisions, et de désignations figuratives, a été originairement établi par un peuple antérieur, parvenu à un très-haut degré de civilisation, qui avait fait de très-grands progrès dans les sciences, les arts, sans doute aussi en astronomie; et qui a été soudainement détruit, tout entier, dans une grande catastrophe géologique, sans rien laisser de lui, dans la mémoire du reste des hommes, si ce n'est un vague souvenir de son existence et quelques notions scientifiques ou de théogonie que la tradition a conservées. Mais, créer ainsi un passé imaginaire pour expliquer les choses présentes, c'est une liberté que ne permet plus la critique moderne. Ce genre de solutions fantastiques, fort goûté au temps de Bailly, est passé de mode, et je ne m'arrêterai pas à combattre des fictions désormais abandonnées.

Pour compléter ces préliminaires, il me reste à définir le mode d'énumération du temps qui est employé dans le *Sûrya-Siddhânta*, et dans tous les traités postérieurs. Pour tout ce qui est calcul astronomique, les Hindous ne font aucun usage de l'année tropique, dont la durée est comprise entre deux retours consécutifs du soleil à l'équinoxe vernal vrai. D'après la règle immuablement établie dans le *Sûrya-Siddhânta*, ils y emploient l'année sidérale, dont j'ai déjà indiqué plus haut les limites et la durée. Elle commence à l'instant où le soleil atteint la petite étoile ζ des Poissons, et finit quand il y revient après avoir fait le tour entier du ciel. Ils expriment sa durée en jours et fractions sexagésimales de jours moyens solaires absolument comme Ptolémée [1]. Mais l'évaluation qu'ils en donnent n'est pas d'origine purement grecque. Elle est, à $\frac{2}{3}$ de seconde près, une moyenne arithmétique entre l'ancienne année sidérale des Chaldéens, mentionnée par Albategni [2], et celle qui résulte des périodes lunisolaires d'Hipparque. En effet, on a ainsi :

Les Chaldéens	365ʲ. 6ʰ. 11ᵐ.	0ˢ
Hipparque	365. 6. 14.	11,790
MOYENNE	365. 6. 12.	35,895
Sûrya-Siddhânta	365. 6. 12.	36,556
Excès des Hindous		+ 0,661

Cette année indienne est la même que Cassini a extraite des règles

[1] *Almageste*, liv. III, chap. 11. *De la longueur de l'année*, t. I, p. 155, édition de Halma. — [2] Albategnius, *De numeris stellarum*, p. 65.

de l'astronomie siamoise, comme nous l'avons vu précédemment ; et, ce qui est bien digne de remarque, elle s'y trouve associée à l'inexacte année tropique de Ptolémée, affectée de presque toute son erreur [1], offrant ainsi une sorte de marqueterie de matériaux qui semblent avoir été empruntés à des sources diverses, et non pas conclus d'observations propres. Mais ce sont là des mystères dont l'astronomie indienne est remplie.

Je viens d'exposer les conventions géométriques et les données numériques qui servent de fondements aux calculs prescrits par le *Sûrya-Siddhânta*. Il faut maintenant voir comment elles y sont mises en œuvre. Mais, trouvant ici l'occasion favorable de ménager un temps de repos à l'attention de nos lecteurs, je renvoie cette étude à un second article, auquel celui-ci servira de préparation.

DEUXIÈME ARTICLE.

Dans un premier article, j'ai fait connaître les formes spéciales des traités d'astronomie propres à l'Inde, et j'ai montré par un exemple la marche qu'il faut suivre pour découvrir la raison des préceptes, qu'on y trouve présentés sans démonstration. M'attachant ensuite au *Sûrya-Siddhânta*, celui de ces livres qui a le plus d'autorité, et qui a servi de texte ou de modèle à une foule d'autres, j'ai signalé les données de détail qui lui sont particulières. Rien ne nous manque donc pour en mettre à nu la construction, autant que nous avons besoin de la connaître pour discerner les traces d'origine indigène ou étrangère qu'il peut présenter.

Le premier élément qu'il nous faut découvrir, c'est l'*époque astronomique* d'où l'on fait conventionnellement partir tous les calculs. L'énoncé en est enveloppé de fictions mythologiques dont il faut le dégager.

La durée du monde physique est partagée en quatre âges ou *yugas*, dont les durées respectives, exprimées en années solaires sidérales, ont les valeurs suivantes que je range dans l'ordre d'antiquité qu'on leur attribue.

---

[1] *Du royaume de Siam*, par M. de La Loubère, dissertation de Cassini, t. II, p. 230.

> 1ʳ *Sątya-yuga* (l'âge d'or)...................... 1,728,000
> 2ᵉ *Treta-yuga* (l'âge d'argent)............... 1,296,000
> 3ᵉ *Dwapara-yuga* (l'âge d'airain).............. 864,000
> 4ᵉ *Cali-yuga* (l'âge de fer)................. 432,000
>
> ————————
> Somme totale, *maha-yuga* (grand *yuga*)... 4,320,000
> ————————

Le *cali-yuga* est aussi appelé *l'âge de l'infortune*. C'est celui dans lequel nous sommes. Le nombre qui exprime sa durée étant pris pour unité, les autres en sont des multiples exacts par 2, 3, 4, et la somme en est le décuple. La régularité mathématique de ces rapports décèle évidemment une conception artificielle. Je montrerai tout à l'heure le motif qui a déterminé le choix du nombre total 4,320,000, préférablement à tout autre, et l'on verra qu'il est lié, par une nécessité mathématique, à l'évaluation de l'année sidérale qu'on avait adoptée. Je ferai remarquer, en passant, que la période fabuleuse du *calpa* hindou, qui remonte à la création du monde, a précisément, pour durée ce-même nombre multiplié par 1000.

Selon le *Sârya-Siddhânta*, au commencement du second âge, 2,160,000 années avant le commencement du *cali-yuga*, le soleil, la lune et les cinq grandes planètes ont commencé à se mouvoir. A cette époque primordiale tous ces astres se trouvaient réunis sur une même ligne droite passant par le soleil, au moment de minuit sous le méridien de *Lanka*. C'est à partir de là qu'il faut compter leurs mouvements moyens dans les applications usuelles. Il faudrait remonter à une époque beaucoup plus ancienne pour que les apogées et les nœuds se trouvassent compris avec eux dans cette même correspondance d'alignement.

Bornons-nous au cas d'application le plus simple. Puisque la conjonction générale, vraie ou supposée, sert d'origine à tous les calculs subséquents, il faut définir ce méridien de *Lanka* sous lequel on admet qu'elle s'est opérée.

Le *Lanka* astronomique des Hindous est une cité imaginaire qui a été bâtie par les génies en un certain point de l'équateur terrestre, dont le *Sârya-Siddhânta* définit la position physique, en désignant plusieurs villes de l'Inde qui sont placées sous le même méridien. Or une d'elles, qu'il appelle Avanti, a été incontestablement identifiée avec *Oojein*, la capitale nominale du royaume de Sindya, qui a été fort renommée pour ses établissements astronomiques. Elle est située par 73°.30' de longitude à l'orient de Paris. Les déterminations du *Sûrya-Siddhânta* s'appliquent donc sans réduction au méridien réel de cette localité, lequel passe entre l'île de Ceylan et les Maldives. On les rapporte aux autres points de l'Inde, en tenant compte des intervalles de longitude qui les en séparent.

L'époque astronomique adoptée dans le *Sûrya-Siddhânta* se trouve ainsi mathématiquement définie. Mais, pour en faire dériver des résultats qui soient actuellement applicables, il faut connaître l'intervalle vrai ou conventionnel de temps qui nous en sépare. Or, depuis que les astronomes européens ont été mis en contact immédiat avec les Hindous, on a pu identifier sans cesse leurs dates courantes avec celles du calendrier chrétien. Le résultat constant, en général, de ces comparaisons a été, que le commencement du *cali-yuga* tombe dans l'année antérieure à l'ère chrétienne 3101, au moment où le soleil vrai atteint l'étoile ζ des Poissons. Ce point de concordance étant établi, nous pouvons, par un calcul rétrograde, remonter sans incertitude d'une date moderne quelconque, à tous les instants physiques compris dans les quatre âges du *Sûrya-Siddhânta*.

Ici se présente une question préjudicielle. L'auteur de ce livre nous prescrit de prendre pour origine de tous les calculs une conjonction générale qui aurait eu lieu 2,160,000 ans avant l'origine du *cali-yuga*, conséquemment 2,163,000 années avant l'ère chrétienne. Personne n'admettra qu'un tel phénomène ait été humainement observé à une époque si ancienne, et que sa date précise ait pu se transmettre ensuite, continûment jusqu'à nous. C'est donc une fiction mathématique. Or, si la conjonction supposée n'a pas eu lieu réellement à cette date, tous les nombres qu'on en déduira, pour les temps modernes, seront nécessairement viciés par son erreur. La conséquence est logiquement vraie. Mais on peut l'éluder par un artifice de calcul très-simple, fondé sur l'antiquité de la date attribuée au phénomène. Et, ce qui paraîtra plus singulier, à la distance où l'énoncé du *Sûrya-Siddhânta* le place, peu importe que le fait soit vrai ou non.

Pour prouver ceci, concevons un astronome hindou des temps modernes qui entreprend de construire un traité astronomique du genre du *Sûrya-Siddhânta*. Plaçons-le, par exemple, vers le xe siècle de l'ère chrétienne, au commencement d'une année indienne, qui sera la 4000e du *cali-yuga*. C'est à peu près la date que Bentley assigne au *Sûrya-Siddhânta*. Elle est certainement trop moderne, car, suivant le témoignage d'écrivains arabes qui méritent toute confiance, dès l'an 770 ou 773 de notre ère il avait été importé de l'Inde à Bagdad un traité d'astronomie, où l'on reconnaît les méthodes du *Sûrya-Siddhânta*[1]. Toutefois, je l'adopterai ici comme donnée de calcul. Notre Hindou est en possession de l'année sidérale indienne, dont j'ai rapporté précédemment l'évaluation et l'origine. Il doit aussi connaître, pour son temps, les mouvements moyens sidéraux de la lune et des cinq planètes, ainsi que les positions absolues de ces astres autour du soleil, pour ce commencement d'année où il opère. Si, à partir de cet instant, il remonte à une date antérieure quelconque, séparée de celle-là par un nombre entier d'années solaires, le soleil vrai s'y trouvera en coïncidence avec l'étoile ζ des Poissons, puisque c'est là une condition commune à toutes les origines d'années indiennes. Mais la lune et les planètes, reconduites aussi par leurs mouvements moyens jusqu'à cette date, devront presque infailliblement ne pas s'y trouver en conjonction avec lui. Toutefois, pour aucun d'eux, l'écart ne saurait dépasser, ni même égaler une demi-circonférence, soit en plus, soit en moins. Admettons-le tel; et, pour fixer les idées, appliquons la supposition à la lune. Une demi-circonférence contient 180° sexagésimaux, donc chacun vaut 3600″. L'écart, exprimé en secondes de degré, sera donc le produit de ces deux nombres ou 18.36000. Divisez-le par le nombre des années de rétrogradation, qui sera 2,163,000 dans notre exemple; le quotient sera $\frac{1836}{2163}$ ou $\frac{216}{721}$; c'est-à-dire, en définitive, moins que $\frac{1}{3}$ de seconde. Par conséquent, notre Hindou n'aura qu'à modifier le moyen mouvement annuel qu'il attribuait à la lune, en l'augmentant ou le diminuant de cette fraction de seconde, qui est tout à fait inappréciable à ses observations; après quoi, il pourra mathématiquement supposer qu'elle se trouvait en conjonction exacte avec le soleil, à l'époque ancienne qu'il lui a plu de choisir. Le même artifice s'appliquera également aux planètes. La modification qu'il faudra faire aux moyens mouvements pour les y accommoder, sera d'autant plus petite, que la date choisie pour origine sera plus distante du temps pour lequel on prépare les applications au ciel[2].

Près de mille ans avant l'époque où le *Sûrya-Siddhânta* fut composé dans l'Inde, l'idée de prendre pour époque des calculs astronomiques, une conjonction générale, remontant à une très-haute antiquité, a été conçue et mise à profit par les astronomes chinois. Le fait est indubi-

---

[1] Particulièrement les *sinus*, évalués en nombre, de 225′ en 225′ pour toute l'étendue du quart de cercle. (Voyez l'important Mémoire de M. Reinaud sur l'Inde, pages 312 et 313, *Académie des inscriptions et belles-lettres*, tome XVIII, 2ᵉ partie.) — [2] L'effet de ces origines reculées adoptées par les Hindous, dans tous leurs traités d'astronomie, a été parfaitement expliqué et démontré par Bentley dans deux Mémoires insérés aux *Asiatic Researches*, t. VI et VIII.

table. Grâce aux recherches savantes des missionnaires jésuites, qui ont pendant longtemps résidé en Chine, occupant des emplois élevés à la cour de Pékin, recherches continuées depuis en Europe par un petit nombre d'érudits, surtout français, qui se sont initiés après eux aux mystères de la langue écrite, l'ancienne astronomie chinoise, ses procédés d'observation, ses résultats, son histoire, nous sont aujourd'hui connus par des documents officiels qui remontent certainement jusqu'à plus de vingt siècles avant l'ère chrétienne; si bien qu'avec ces secours on a pu en reconstruire tout l'édifice dans ce journal même [1]. Or, d'après le témoignage de Gaubil, depuis un siècle avant l'ère chrétienne jusqu'à 1280 ans après cette ère, les astronomes chinois prenaient constamment pour origine de leurs calculs, une époque antérieure très-reculée, qu'ils appelaient le *chang-yuen, alta origo*, à laquelle, comme l'auteur du *Sûrya-Siddhânta*, ils supposaient que le soleil, la lune et les cinq planètes, s'étaient trouvés en conjonction générale au moment de minuit sous le méridien de leur localité. Le premier exemple de cette fiction mathématique fut donné sous la dynastie des Han, dans un traité d'astronomie appelé *San-tong, les Trois principes*, que Gaubil a eu dans les mains [2]. La conjonction générale y est placée à 143127 ans solaires, en arrière du minuit réel, qui fut à la fois l'instant du solstice d'hiver, et le commencement de la onzième lune chinoise de l'an 104 avant l'ère chrétienne. Dans les traités d'astronomie postérieurs, on fit remonter le *chang-yuen* à plusieurs millions d'années. Gaubil, habitué aux méthodes directes de la science européenne, n'a pas compris le motif de cette pratique, et il l'a dédaignée comme une vaine fiction. Mais l'auteur du *Sûrya-Siddhânta*, qui l'a employée, a-t-il pu en ignorer le long et constant usage à la Chine? Cela nous deviendra difficile à croire, quand nous aurons constaté que tout le système astronomique des *Nakshatrâs* hindous a été emprunté aux Chinois. Mais ceci est encore une question d'origine que je réserve.

Il nous faut maintenant chercher par quel motif le nombre 4,320,000 a été choisi préférablement à tout autre, pour composer la somme d'années solaires contenues dans la grande période artificielle appelée le *maha-yuga*. Cela se découvre en considérant les applications numériques auxquelles on la destinait. Le nombre 432 est quadruple de 108. Or, d'après l'évaluation de l'année solaire sidérale adoptée dans le *Sûrya-Siddhânta*, un calcul très-simple, que j'expose ici en note, montre

---

[1] *Journal des Savants* pour l'année 1840. — [2] *Histoire de l'astronomie chinoise* par le P. Gaubil, recueillie par le P. Souciet, Ire partie, page 16.

que 1,080,000 est précisément le plus petit nombre de ces années, qui contienne une somme entière de jours moyens solaires, laquelle est 394,479,457[1]. Tous les multiples supérieurs de ce premier nombre jouiront évidemment de la même propriété. Ainsi, pour le quadruple, 4,320,000 années, le nombre entier de jours qui s'y trouvera contenu sera 1,577,917,828. C'est ce que lui assigne le *Sûrya-Siddhânta*. Quant au multiple 4, nous découvrirons dans un moment le motif spécial qui l'a fait choisir.

Afin de n'avoir plus à énoncer ces grands nombres, je désignerai désormais les 4,320,000 années du *maha-yuga* par le symbole 4 A; et la somme totale de jours solaires qu'il contient par le symbole 4 J; le facteur 4 ayant pour but de mettre en évidence leur composition quaternaire.

Cela posé : Le *Sûrya-Siddhânta* admet que, pendant la durée 4 A du *maha-yuga*, le soleil, la lune et les cinq planètes, font tous, individuellement, un nombre entier de révolutions sidérales; et, en outre, tous ces nombres, tels qu'il les donne, sont aussi des multiples de 4, comme 4 A et 4 J. On peut donc les représenter généralement par le symbole 4 R. Ceci est évident pour le soleil, puisque chaque année solaire indienne représente une de ses révolutions sidérales. Mais quant aux six autres astres, l'assertion aura besoin d'être justifiée par les durées des révolutions sidérales qui s'en déduiront. Toutefois, je l'admettrai provi-

---

[1] L'année sidérale adoptée dans le *Sûrya*, étant exprimée en jours et subdivisions sexagésimales de jours, comme le font Ptolémée et les Hindous, donne les égalités suivantes :

$$365^j\ 15'\ 31''\ 31'''\ 24^{IV} = 365^j + \frac{15}{60} + \frac{31}{3600} + \frac{31}{3600.60} + \frac{24}{3600.3600} = 365^j + \frac{15}{60} + \frac{31}{3600} +$$

$$\frac{31}{3600.60} + \frac{2}{3600.300}$$

Sous la dernière de ces formes, on voit que les quatre fractions pourront être réduites à avoir le même dénominateur que la dernière, c'est-à-dire 3600.300 ou 1080000; et il n'y en aura pas de moindre qui puisse leur être commun. La somme totale de ces fractions deviendra ainsi :

$$\frac{15.5.3600 + 31.300 + 31.5 + 2}{1080000} = \frac{279457}{1080000}$$

Alors en l'ajoutant aux 365^j complets et multipliant le tout par 1080000, on aura pour 1080000 années sidérales, le nombre entier de jours 394,479,457; c'est ce nombre que, dans le texte, j'ai désigné par le symbole J.

soirement comme vraie, pour ne pas rompre le fil des idées que nous voulons suivre.

Ces conventions étant faites, l'auteur du *Sûrya-Siddhânta* place son époque astronomique E au milieu même du *maha-yuga*, à la distance 2 A ou 2,160,000 années de ses deux termes extrêmes; puis il nous dit, qu'à cet instant, la lune et les cinq planètes étaient en *conjonction* générale avec le soleil, cet astre se trouvant alors à la longitude de ζ des Poissons, comme il doit y être à chaque commencement d'année [1]. D'après cela, je dis que ce même phénomène de conjonction générale devra se reproduire encore après chaque intervalle de 1,080,000 années ou A, qui suivra l'époque E. Car, dans le temps 4 A, le soleil et les planètes exécutant des nombres entiers de révolutions sidérales, exprimés par 4 R, elles en feront des nombres entiers R dans le temps A, ce qui les remettra en conjonction aux mêmes points du ciel, à la fin de ces intervalles, si elles y étaient au commencement. Il s'opérera donc une conjonction pareille, 1,080,000 ans après l'époque E; et une autre encore 1,080,000 plus tard, ou 2,160,000 ans après cette époque, ce qui nous ramène au commencement même de la période actuelle le *cali-yuga*. Cette dernière date est donc l'époque astronomique réelle du *Sûrya-Siddhânta*. L'autre de 2,160,000 ans antérieure, qui lui est substituée dans le texte, n'est qu'une superfétation arithmétique, imaginée pour dissimuler le caractère moderne de l'époque véritable, en la rejetant dans les nuages d'une antiquité fabuleuse. Mais c'est là une application trompeuse du *chang-yuen* chinois.

L'époque du *cali-yaga* est trop moderne, pour être employée à un tel artifice. Sa proximité agrandit trop les altérations qu'il faut faire subir aux données présentes pour pouvoir les y accorder; de sorte que les applications postérieures qu'on en déduit, doivent devenir promptement fautives quand on s'écarte du temps auquel on les avait adoptées. C'est ce qui est arrivé au *Sûrya-Siddhânta*, et les brames n'ont pas tardé à s'en apercevoir par l'expérience [2]. C'est pourquoi, en conservant la forme et le fond du texte sacré, ils se sont bornés à augmenter ou diminuer les nombres qu'il donne de manière à en faire accorder les résultats avec le ciel. Mais généralement, pour calculer les longitudes moyennes de la

[1] Davis, *On the astronomical computations of the Hindus. Asiatic Researches*, t. II, p. 244. — [2] L'exposé historique de ces corrections, devenues nécessaires, est présenté en détail dans le savant mémoire de Davis, sur les calculs astronomiques des Hindous. (*Asiatic. Researches*, t. II, p. 234 et suiv.) Il y donne même, p. 273, le calcul d'une éclipse de lune effectué en prenant la création du monde pour point de départ du temps.

lune et des planètes, ils se dispensent de remonter au delà du *cali-yuga*. Ou même ils prennent comme point de départ quelque époque encore moins ancienne, à laquelle les valeurs initiales de ces longitudes, déduites par un calcul rétrospectif d'observations plus récentes, sont attachées comme autant de constantes connues. Par exemple, pour faciliter le calcul de leurs calendriers luni-solaires usuels, ils ont établi deux ères fort employées, qu'ils appellent *samvat* et *saka*, dont la première est seulement de 57 années antérieure à l'ère chrétienne et la seconde lui est postérieure de 78 années. L'*Oriental astronomer*, que nous avons sous les yeux, fait partir ses calculs de l'ère *saka;* à laquelle il admet que la lune se trouvait précisément dans l'apogée de son orbite, la longitude commune étant alors 7°. 2°. 0'. 7″. De là il conduit cet astre et son apogée à toute autre date ultérieure, conformément aux lois de leurs mouvements tels que le *Sûrya-Siddhânta* les assigne, en considérant toujours les résultats comme ayant pour origine primitive l'époque lointaine du *cali-yuga*. De cette manière on a seulement changé la coupe de l'habit, en conservant l'étoffe.

Pour achever de montrer l'organisation et le jeu de cet engin arithmétique appelé le *maha-yuga*, je vais me servir des nombres que le *Sûrya-Siddhânta* donne pour évaluer les durées des révolutions synodique et sidérale de la lune, deux éléments les plus essentiels des opérations indiennes. Ce calcul est extrêmement simple. Le texte dit que, pendant la durée d'un *maha-yuga*, la lune décrit 53,433,336 révolutions synodiques, et 57,753,336 révolutions sidérales complètes. Divisant donc par ces nombres la durée totale du *maha-yuga* en jours, que nous avons représentée par le symbole 4 J, on aura les durées cherchées. L'opération se simplifiera en débarrassant tous ces nombres du facteur 4 qui leur est commun. Ainsi l'astre exécutera des nombres entiers de révolutions complètes dans les 1,080,000 années qui composent le quart du *maha-yuga*. D'où l'on voit que le quadruplement de cette période n'est qu'une vaine et inutile amplification[1].

---

[1] Le même caractère de composition quaternaire se remarque dans les nombres de révolutions que l'auteur du *Sûrya-Siddhânta* suppose être décrites par toute planète durant la durée d'un *maha-yuga*. Ils se maintiennent donc entiers pendant le quart de cet intervalle. C'est ce qui lui a permis de placer le point de départ de ces mouvements au milieu de 4,320,000 années qui y sont comprises. Il n'a pas eu la liberté de donner la même forme quaternaire aux nombres qui désignent les révolutions du nœud et de l'apogée lunaire pendant la durée d'un *maha-yuga*, parce que les unités complémentaires qu'il aurait fallu leur ajouter ou en soustraire pour les rendre tels, auraient introduit dans les quotients des erreurs intolérables. C'est ce qui lui fait dire que, si l'on veut déduire ces deux éléments des nombres qu'il leur

Or précisément Ptolémée nous a conservé un énoncé d'Hipparque, qui, dans sa simplicité grecque, fait obtenir les mêmes éléments par des

assigne, il faut en reporter l'origine beaucoup plus haut, sans doute au commencement même du *maha-yuga*. Les explications précédentes m'ont paru nécessaires pour montrer dans quelles intentions ces longues périodes sont fabriquées.

Quoique les transcriptions de Davis sur lesquelles je me suis appuyé m'inspirassent toute confiance, j'ai prié M. Regnier de vouloir bien les vérifier sur le manuscrit du *Sûrya-Siddhânta*. Il les a trouvées parfaitement exactes. Mais cette vérification m'a valu de sa part une note philologique très-curieuse, que j'insère ici textuellement, parce qu'elle montre les précautions infinies que l'on a prises, pour dérober au vulgaire cette science des choses du ciel. Le *Sûrya-Siddhânta* ne contient pas un seul caractère symbolique d'abréviation, pas un seul nombre chiffré. Tous les éléments des nombres, même les plus complexes, y sont exprimés par des mots pris dans un sens convenu, et étrangers à leur signification ordinaire, de manière que l'application n'en soit intelligible qu'aux initiés. Cette remarque avait été déjà faite par feu Jacquet dans le Journal de la société asiatique de Paris, année 1835, et M. Reinaud l'a reproduite avec quelques additions dans son mémoire sur l'Inde inséré au t. XVIII de l'*Académie des inscriptions et belles-lettres*, II° partie, p. 306. Toutefois, j'ai pensé qu'on n'en verrait pas moins, avec un vif intérêt, l'exposition détaillée du procédé hindou.

NOTE DE M. REGNIER.

J'ai cherché, dans le *Sûrya-Siddhânta*, le passage qui indique le nombre de révolutions de la lune. C'est le premier vers du trentième çloka du chapitre 1. Le voici :

इंदो रसाग्निनित्रित्रीषुसप्तभूधरमार्गणाः :

Indo rasâgnitritritrîshusaptabhûdharamârganâh.

En sous-entendant le sujet भगणा : « révolutions, » qui se trouve au çloka précédent (ellipse que le scholiaste marque en ces termes पूर्वश्लोकोक्तभगणा इत्यत्र... अप्यन्वेति, *pûrvaçlokoktabhaganâ ity atra apy anveti*), ce vers signifie :

« [Les révolutions] de la lune sont six, trois, trois, trois, cinq, sept, sept, cinq, » ce qui nous donne, en retournant les nombres, car l'énumération commence par les unités, 57,753,336.

Indo(h) est le génitif d'*Indu*, synonyme de *Tchandra* « lune. »

Le long composé *rasâgni..... mârganâh* s'analyse ainsi : *rasa-agni-tri-tri-ishu-sapta-bhûdhara-mârganâh*.

Le mot *rasa* veut dire « saveur, » et, comme les Indiens comptent six sortes de saveurs, il désigne le nombre *six*.

Agni signifie « feu ; » on compte trois feux sacrés : de là le sens de *trois*.

Tri est le nom de nombre *trois*. Il est employé deux fois de suite.

Ishu signifie « flèche ; » il se prend, ainsi que ses divers synonymes, pour désigner, en trigonométrie, le *sinus verse*, et, en arithmétique, par allusion aux cinq flèches de *Kâma*, l'Amour, le chiffre *cinq*.

Sapta, nom de nombre, signifiant *sept*.

Bhûdhara « montagne, support de la terre. » On en compte sept (भूधरा : सप्त, *bhûdharâh sapta*, dit le commentaire) : de là le sens de *sept* en arithmétique.

Mârgana est synonyme d'*ishu*, c'est-à-dire signifie de même « flèche, sinus verse et *cinq*. »

Après la plupart des indications de chiffres du *Sûrya-Siddhânta*, qu'elles soient exprimées en

opérations toutes pareilles, fondées sur des nombres beaucoup moindres. D'après les observations des Chaldéens, et les siennes propres, Hipparque trouve que la lune accomplit 4267 révolutions synodiques autour du soleil en 126007^j $\frac{1}{34}$. La durée d'une seule se conclut donc de là par division. En la combinant avec l'évaluation indienne de l'année solaire, j'ai obtenu la durée de la révolution sidérale de la lune que l'auteur du *Sûrya-Siddhânta* aurait pu en déduire. La comparaison de ces résultats avec les siens se voit dans le tableau suivant :

	DURÉE DE LA RÉVOLUTION	
	Synodique.	Sidérale.
Hipparque..........................	29^j. 12^h. 44^m. 3^s,262	27^j. 7^h. 43^m. 13^s,044
Sûrya-Siddhânta....................	29^j. 12^h. 44^m. 2^s,798	27^j. 7^h. 43^m. 12^s,548
Excès d'Hipparque..................	+ 0^s,464	+ 0^s,496

J'ai fait un calcul semblable pour les deux autres éléments principaux du mouvement lunaire, la révolution sidérale du nœud et celle de l'apogée. Les Grecs ne les employaient pas sous cette forme explicite, mais combinés dans les révolutions mêmes de l'astre. Je les ai extraits

noms de nombre ou en termes symboliques, ou mêlées, comme l'est celle qui nous occupe, le manuscrit Burnouf ajoute une traduction en chiffres. Ici il nous donne 57,753,236, avec 2 pour 3 aux centaines, ce qui est évidemment une faute du copiste, puisque, dans le texte, nous avons, pour désigner le troisième chiffre à partir de la droite, le nom de nombre *tri* « trois. »

L'édition du *Sûrya-Siddhânta* imprimée à Calcutta a supprimé ces traductions en chiffres. C'est, pour la facilité de la lecture et des calculs, une omission regrettable. Le commentaire imprimé à la suite du texte de chaque çloka y supplée souvent, il est vrai ; mais pas toujours. Il emploie quelquefois aussi dans ses interprétations des termes symboliques. Ainsi pour notre

passage : षडग्निदेवपंचसप्तसप्तपंच..., *shaḍ-agni-deva-pañtcha-sapta-sapta-pañtcha*...

Le Dictionnaire de M. Wilson ne donne pas, non plus que celui de MM. Bœhtlingk et Roth, du moins, autant que j'ai pu voir dans ce qui est publié jusqu'ici, le sens numéral de ces substituts poétiques et symboliques des chiffres, tels que *saveur*, *flèche*, que nous avons ici, et d'autres non moins curieux, comme *açvins* ou *œil*, pour *deux*; *dent* pour *trente-deux*, etc. etc. Celui de M. Goldstücker, qui malheureusement n'en est encore qu'à la première lettre de l'alphabet, comblera vraisemblablement cette lacune, si j'en juge par l'article *Agni*, où je trouve parmi les sens du mot, celui de *trois* en arithmétique.

des périodes assignées par Hipparque, et les résultats ainsi obtenus sont comparés à ceux du *Sûrya-Siddhânta* dans le tableau suivant.

	DURÉE DE LA RÉVOLUTION SIDÉRALE	
	Du nœud.	De l'apogée.
Par les périodes d'Hipparque..............	6792^j,37	3232^j,70
Selon le Sûrya-Siddhânta................	6794^j,23	3232^j,50
Excès d'Hipparque....................	— 1^j,86	+ 0^j,20

Pour apprécier à sa juste valeur le soupçon de communication que font naître des concordances si proches, il faut tenir compte des exigences artificielles auxquelles l'auteur hindou a systématiquement assujetti les nombres qu'il a rapportés. Supposons par exemple qu'il eût voulu emprunter à Hipparque la durée de la révolution synodique. En l'employant comme diviseur du *maha-yuga*, elle lui aurait donné pour quotient le nombre 53,433,326. Mais il s'était imposé la condition que ce quotient fût un multiple exact de 4. Il fallait donc le modifier tant soit peu afin de le rendre tel. Le moindre changement qu'on pût lui donner pour le ramener à cette forme, c'était d'écrire pour les deux derniers chiffres 24, 28, 32, ou 36. Or il fallait, en outre, qu'ainsi modifié il amenât la lune en conjonction avec le soleil au commencement du *cali-yuga*. L'auteur hindou a pu trouver que le multiple 36 remplissait cette condition mieux que les autres, et alors il l'aura choisi, sans s'inquiéter de la toute petite différence qui en résultait dans les fractions de seconde dont il ne pouvait répondre.

Des altérations du même ordre, provenant des mêmes causes, doivent presque inévitablement vicier les derniers chiffres de tous les éléments astronomiques rapportés dans le *Sûrya-Siddhânta*, et dans tous les traités hindous composés sur ce modèle. Cela fait qu'on peut y soupçonner de nombreux emprunts faits à des sources différentes, sans pouvoir les prouver démonstrativement, puisque l'identité absolue ne s'y trouve point; et elle s'y trouverait, par cas fortuit, qu'elle ne décélerait pas indubitablement sur qui le plagiat porte, puisqu'elle même pourrait provenir d'une altération opérée dans quelques déterminations peu différentes les unes des autres. Par exemple, malgré la concordance si proche que nous venons de découvrir entre les durées des révolutions de la lune consignées dans le *Sûrya-Siddhânta*, et celles que l'on tire des périodes d'Hipparque, je n'oserais affirmer qu'elles aient été empruntées à lui plutôt qu'aux Chinois. En effet, Gaubil, dans son traité de l'astronomie chinoise, a formé un tableau où il a rassemblé les valeurs de ces mêmes éléments qui ont été officiellement déterminées par l'observation, sous les diverses dynasties depuis l'an 104 avant l'ère chrétienne[1]. Or, au milieu du Ve siècle de cette ère, sous les premiers Song, parmi d'autres résultats d'une précision remarquable, je trouve une évaluation de la révolution synodique de la lune dont la différence avec celle du *Sûrya-Siddhânta* ne s'élève qu'à $\frac{5}{1000}$ de seconde. Exprimée à la manière chinoise en jours et fractions décimales du jour, elle comprend $29^j,530588$. En prenant ce nombre pour diviseur du *maha-yuga*, on trouve pour quotient 53,433,335 révolutions et $\frac{9}{10}$. De sorte qu'en ajoutant seulement un dixième de révolution, ou moins de 3 jours, à l'immense intervalle de 4,320,000 années, qui compose le *maha-yuga*, le quotient prend la forme quaternaire 53,433,336 que s'était prescrite l'auteur du *Sûrya-Siddhânta*, et devient complétement identique au nombre qu'il assigne. Si, comme tout porte à le croire, il avait sous les yeux l'astronomie des Song, il n'a pas eu de peine à lui emprunter ce multiple-là!

Mais, dira-t-on, vous soupçonnez toujours l'auteur hindou d'avoir construit son livre avec des matériaux étrangers à l'Inde, et non pas d'après les observations qui auraient pu avoir été faites dans l'Inde même, pendant ce grand nombre de siècles qu'il embrasse rétrospectivement dans ses calculs? Je procède, en cela, comme on ferait dans une cour de justice. Un particulier se présente, possédant d'immenses richesses. Il n'exerce aucune industrie, aucun commerce, par lesquels il ait pu les acquérir, et il n'exhibe aucun titre de famille prouvant qu'il les tient de ses ancêtres. Quand on le presse d'en déclarer l'origine, il répond qu'elles lui sont tombées du ciel. Ne le soupçonnera-t-on pas très-justement de les avoir dérobées? Et combien les présomptions qui s'élèvent contre lui ne s'aggraveront-elles pas, si l'on vient à savoir qu'il n'émet les pièces de son trésor qu'après en avoir effacé les empreintes; après les avoir rognées, altérées, enchâssées dans de nouvelles montures, où leurs origines primitives ne sont plus reconnaissables! Voilà exactement ce qui nous arrive quand nous discutons les traités astronomiques des

[1] Recueil du P. Souciet, partie III, page 97.

Hindous. Tous ceux qu'ils nous ont fait connaître, et sur lesquels ils s'appuient, sont postérieurs aux ouvrages d'Hipparque, de Ptolémée, même de Théon d'Alexandrie. Ils embrassent les mêmes problèmes, qu'il résolvent par des procédés analogues, en y appliquant des constructions et des hypothèses géométriques pareilles. Leurs auteurs semblent être moins curieux d'atteindre une précision rigoureuse dans les résultats observables, mais ils se montrent très-habiles à perfectionner certains détails de calcul numérique. Cependant ils ne citent jamais ces travaux antérieurs qu'ils n'ont pas ignorés. Ils ne mentionnent aucune observation ancienne ou moderne. Ils ne décrivent aucun instrument de précision pour déterminer la position des astres, ou mesurer le temps. L'auteur du *Sûrya-Siddhânta*, dans un de ses vers, chapitre VIII, *çloka* 1 2, prescrit brièvement à l'astronome de *construire une sphère, et d'examiner la latitude apparente* [des astres][1]. Ailleurs, chapitre XIII, *çloka* 3 ÷ 1 3, il reproduit le même précepte : « *Que l'astronome construise* [un appareil « imitant] *la merveilleuse structure des cercles célestes et terrestres*[2]. » Ici il entre dans les détails de la construction. Ce sera une *sphère de bois*, autour de laquelle tourneront concentriquement divers cercles divisés en degrés [sur leur contour], et représentant les principaux cercles célestes. Le texte explique ensuite comment ces cercles devront être disposés entre eux, et orientés sur le ciel. Tout ce système sera mis en mouvement de rotation continu et uniforme autour de l'axe de l'équateur, par l'action d'un courant d'eau; ou encore par un mécanisme caché, où l'on emploiera comme moteur l'écoulement du mercure pour simuler une rotation spontanée. On ne voit là qu'une sphère armillaire, tout au plus un planétaire, pouvant servir comme appareil de démonstration dans les écoles, et non pas comme instrument de mesures applicable au ciel. Pour lui donner ce dernier caractère, un commentateur, cité par Colebrooke, suppose au centre de la sphère un trou très-fin, par lequel l'astronome vise à l'astre qu'il veut observer. Mais il n'aura pas la liberté du choix. Car l'orifice central étant une fois percé, le mouvement de

---

[1] Ce vers a été remarqué et signalé par Colebrooke, *Essays*, tome II, page 324. Mais, suivant sa regrettable habitude, il n'avait pas dit en quel endroit du *Sûrya-Siddhânta* il se trouve. Cette indication m'a été fournie par M. Ad. Regnier. Dans le *Journal des Savants* pour l'année 1840, page 268, j'ai expliqué en quoi consistent les latitudes et longitudes que l'auteur hindou appelle *apparentes*; et j'ai montré la manière de les convertir en latitudes et longitudes *vraies*. J'aurai occasion de revenir sur ce sujet en parlant des *Nakshatras*. — [2] Dans cette citation, et les lignes qui la suivent, je résume une page du *Sûrya-Siddhânta*, dont Colebrooke a donné la traduction littérale (*Essays*, tome II, page 349), sans mentionner l'endroit où elle se trouve. M. Regnier a réparé cette omission, comme pour le passage précédent.

rotation équatorial imprimé à la sphère entraînera forcément la ligne
de vision sur le contour d'un même parallèle céleste, sans que l'observateur puisse la sortir de cette direction. Un autre commentateur imagine
un mode d'observation différent. Sur un plan rendu horizontal, il
érige un style vertical portant à son sommet un tube creux, mobile à
charnière autour de ce sommet, et qui peut ainsi être tourné à volonté
vers tous les points du ciel. L'astronome vise à travers ce tube, dans
la direction de l'astre qu'il veut observer. Quand il l'a trouvée, il tend
sur cette même direction un fil qui la prolonge jusqu'au plan horizontal
qui passe par le pied du style; et la hauteur angulaire de l'astre au-
dessus de l'horizon se conclut du triangle rectangle ainsi formé. Voilà
donc ce que l'auteur du *Sûrya-Siddhânta*, et ses commentateurs hindous,
ont de mieux à nous offrir, comme échantillons de leurs instruments
astronomiques. Et ils voudraient nous faire croire qu'au moyen de ces
grossiers mécanismes, eux-mêmes et leurs ancêtres ont pu déterminer
les éléments les plus délicats des mouvements célestes, assigner les
instants des équinoxes, fixer le lieu précis du point équinoxial sur le
cercle écliptique, et mesurer les longitudes des astres rapportées à une
petite étoile à peine perceptible! Ces assertions renferment des impossibilités tellement évidentes, qu'aucun astronome observateur ne pourrait les accepter comme vraies.

Je vais maintenant examiner de même les durées assignées par le
Sûrya-Siddhânta aux révolutions sidérales des cinq planètes, afin de voir
si elles offrent des indices d'une astronomie ancienne ou récente, indigène ou étrangère. Ce sera un élément important de notre enquête.
En effet, dans toute l'antiquité, ces durées ne pouvaient se conclure
que des retours périodiques de l'astre à des positions analogues dont
l'identité s'estimait à la simple vue. Leur évaluation exacte, obtenue par
des moyens pareils, suppose donc, exige même, des observations nombreuses, d'époques distantes, enchaînées par une chronologie certaine
dans une longue suite de jours continûment énumérés, et combinées
entre elles avec beaucoup d'art, pour assurer la compensation mutuelle
de leurs erreurs. Quand donc on trouve de tels résultats chez un ancien
peuple, il faut, pour qu'ils lui soient propres, que toutes les conditions
précédentes aient été remplies.

Dans le *Sûrya-Siddhânta* les durées des révolutions sidérales assignées
aux cinq planètes sont données, comme pour la lune, par le nombre
total et entier de ces révolutions que chaque planète exécute, pendant
les 4,320,000 années qui composent un *maha-yuga*. On ne dit point de
quelles observations ces nombres sont déduits, ni comment on est par-

venu à les en conclure. Ils ont été, comme tout le reste du livre, divinement révélés. Or, Ptolémée nous a conservé, sur le même sujet, les résultats d'un travail d'Hipparque qui lui ont servi à construire ses tables des mouvements planétaires, et que l'on pourrait appeler aussi, à bon droit, une révélation du génie humain. En discutant toutes les observations anciennes de levers, de couchers, d'oppositions, d'appulses, dont il avait pu avoir connaissance, et les combinant de manière à éluder les effets des inégalités occasionnelles dont il soupçonnait seulement la possibilité, Hipparque avait tiré de ces matériaux imparfaits des périodes de révolutions synodiques propres à chaque planète, dont les évaluations ne pouvaient comporter que de très-faibles erreurs. Ce sont elles qui ont servi à Ptolémée, et plus tard à tous les astronomes jusqu'au temps de Tycho et de Kepler, sans qu'on eût reconnu le besoin d'y rien changer. J'ai analysé ces périodes dans le tome V de mon Traité d'astronomie. J'ai montré par quel art, par quel procédé de combinaison, Hipparque avait pu les obtenir; et j'en ai tiré, pour les cinq planètes, les durées de leurs révolutions sidérales qui se sont trouvées à peine différentes de nos évaluations actuelles. Je mets ces résultats en regard avec ceux du *Sûrya-Siddhânta*, dans le tableau suivant.

NOMS DES PLANÈTES.	NOMBRE de leurs révolutions SIDÉRALES pendant la durée d'un maha-yuga.	DURÉES DE LEURS RÉVOLUTIONS SIDÉRALES exprimées en jours moyens solaires		EXCÈS du SÛRYA-SIDDHÂNTA.
		selon le *Sûrya-Siddhânta*.	selon Hipparque.	
Budha, Mercure.	17937060	$87^j,9697$	$87^j,9684$	$+ 0^j,0013$
Sacra, Vénus.	7022376	$223^j,9985$	$224^j,7028$	$- 0^j,7043$
Mangala, Mars.	2296832	$686^j,9808$	$686^j,9785$	$+ 0^j,0023$
Vrihaspati, Jupiter.	364220	$4332^j,3206$	$4332^j,3192$	$+ 0^j,0014$
Sani, Saturne.	146568	$10765^j,7730$	$10758^j,3222$	$+ 7^j,4508$

La durée de la révolution sidérale, attribuée à chaque planète dans la troisième colonne, s'obtient en divisant le nombre des jours du *maha-yuga* 1,577,917,828, par le nombre correspondant de révolutions qui lui est assigné dans la deuxième colonne pour le même intervalle de temps. L'opération peut être simplifiée en délivrant tous ces nombres du facteur 4 qui leur est commun, comme je l'ai fait remarquer plus haut.

L'écart est comme nul pour Mercure, Mars, et Jupiter. Il s'élève à $\frac{7}{10}$ de jour pour Vénus, à $7^j \frac{1}{2}$ pour Saturne dont la révolution embrasse près de 3o années, et, dans ces deux cas, l'inexactitude est du côté du *Sûrya-Siddhânta*. Cela m'avait fait penser qu'il pourrait y avoir quelque erreur dans les nombres de révolutions de ces deux planètes transcrits par Davis. Mais M. Ad. Régnier s'est assuré qu'elles sont conformes au manuscrit. Alors, d'où peut provenir leur inexactitude? Si l'auteur hindou a voulu s'approprier les évaluations d'Hipparque, pourquoi s'en serait-il écarté, dans deux cas sur cinq? Aurait-il commis quelque faute de calcul, en les transportant dans sa période de 4,320,000 années? ou aurait-il puisé ces deux-là dans quelque autre source, chez les Chinois par exemple, pour dissimuler le plagiat? Tout cela est possible. Ce qui ne saurait l'être, ce serait qu'il eût tiré ces nombres, *proprio Marte*, d'observations indiennes, qui les lui auraient donnés exacts pour trois planètes, fautifs pour deux. Une même méthode de discussion, appliquée à des données physiques, de même nature, ne conduit pas ainsi, tantôt à la vérité tantôt à l'erreur. Et puis, comment aurait-il pu se procurer de nombreuses collections d'observations, enchaînées dans une série continue de jours, chez un peuple où l'on ne trouve aucune trace de chronologie régulière et générale; aucune date qui soit astronomiquement fixée, même pour les événements historiques? Il y a là une impossibilité de fait que nul artifice humain ne pouvait éluder. Colebrooke dans ses *Essais*, tome II, page 415, mentionne deux auteurs de traités astronomiques, qui, en conservant les grandes périodes du *Sûryâ-Siddhânta*, ont osé introduire des changements dans les nombres qui les composent. Ils ne disent pas les raisons de ces changements ni sur quoi ils les fondent. L'un, appelé *Pulisa* met seulement quelques unités, en plus ou en moins, dans les deux derniers chiffres de ces grands nombres, ce qui ne change pas de quantités physiquement appréciables les quotients qu'on en tire, et lui procure la gloire facile d'avoir inventé un système nouveau. L'autre, renommé comme mathématicien, est Brahmagupta. Celui-ci fait partir ses calculs d'une date bien plus haute. Il en place l'origine au commencement du *calpa;* 1000 fois au delà du *maha-yuga*. Cela donne trois chiffres de plus à ses nombres, et les présente ainsi comme d'autant plus certains. Toutefois il ne change rien au nombre des années que la tradition assigne à ces deux périodes. Il diminue seulement de $27^j,56$ l'année sidérale du *Sûrya-Siddhânta* qui était trop longue, et la rend ainsi un peu moins inexacte[1]. Quant aux durées des révolutions planétaires, il y fait les changements de chiffres devenus nécessaires pour les conformer à cette nouvelle évaluation de l'année, ce qui lui transporte l'honneur de les avoir découvertes. Des commentateurs lui ont adressé de vifs reproches, pour avoir osé altérer ainsi le texte révélé par *Sûrya* lui-même[2]. Il n'en avait pas le droit, n'étant qu'un mortel. En effet, Brahmagupta n'a pas eu l'avantage d'être un personnage mythologique. On sait qu'il a existé très-réellement vers la fin du vi^e, ou au commencement du viie siècle de notre ère, et qu'il appartenait au collége d'Oojein, célèbre alors dans l'Inde comme un centre de science astronomique ; sans doute, d'une science telle que les Hindous la conçoivent : érudite, livresque, comme dirait Montaigne ; s'occupant à rédiger des almanachs populaires, à composer des thèmes de nativité, à calculer, par des règles toutes faites, des annonces d'éclipses, et nullement appliquée à perfectionner les observations dont elle n'avait aucun besoin. L'astronomie de Brahmagupta est purement mathématique comme celle du *Sûrya-Siddhânta* qu'il a voulu remplacer. D'après ce que nous en connaissons, il s'y montre calculateur habile, et pas du tout observateur. Il a pu la rédiger sans regarder le ciel. En général, plus on examine dans leurs détails, avec un sens pratique, les écrits astronomiques des Hindous, plus on se persuade que tous ces livres, texte et commentaires, sont fabriqués spéculativement, avec des pièces

---

[1] Cette correction, qui est cachée sous les formes indiennes, s'évalue tout de suite par le procédé suivant.

Soit n le nombre de jours complets que l'on suppose contenu dans les 4,320,000 années qui composent un *mahayuga*. La durée de l'année, exprimée en jours et fractions de jours, sera :

$$\frac{n}{4,320,000}.$$

Augmentez ou diminuez n d'une unité, la variation correspondante de l'année sera :

$$\pm \frac{1^j}{4,320,000}.$$

Or, 1^j, réduit en secondes de temps, équivaut à 24.3600^s ; et le dénominateur peut s'écrire 4.3600,300. La fraction précédente, réduite à ses moindres termes, devient donc

$$\frac{2^s}{100} \text{ ou } 0^s,02.$$

D'après Colebrooke, *Essays*, t. II, p. 415, *Brahmagupta* diminue de 1378^j, le nombre n du *Sûrya-Siddhânta*. Donc il diminue l'année de 27^s,56, comme je l'ai dit dans le texte. — [2] Davis, *Asiatic Researches*, t. II, p. 239 et suiv.

de rapport prises de toutes parts, sans qu'on y trouve aucun vestige d'observations anciennes ou modernes, qu'ils auraient faites eux-mêmes avec des instruments précis, pour un but de perfectionnement abstrait qui leur a été toujours étranger.

Ici, un pandit sorti des colléges de Calcutta ou de Bénarès vient m'interrompre et renverser tout l'édifice de mon argumentation. « Cessez, « me dit-il, de jeter des doutes sur notre antique science. Elle a été ins- « pirée, révélée à nos ancêtres, quand l'Occident était encore sauvage. « Les premières notions que vous avez eues de la marche des astres et « des influences qu'ils exercent sur les destinées humaines, vous sont « venues d'eux, comme vous confessez en avoir reçu les signes de votre « numération, et les racines primitives de vos langues disloquées et bar- « bares. Ces longues suites d'observations, qui vous sont nécessaires pour « évaluer les durées des révolutions du soleil, de la lune et des planètes, « ils en ont possédé de bien plus étendues, longtemps avant vous. Ces « instruments de précision qui vous servent à observer le ciel, ils en ont « eu d'équivalents. Tout cela était exposé, décrit, dans des livres dont « l'intelligence était exclusivement réservée aux sages, et que le temps « a détruits. Le *Sûrya-Siddhânta* actuel, que seul vous connaissez, n'est « qu'une réminiscence traditionnelle des résultats de ces anciens travaux. « Conformément aux préceptes de nos ancêtres nous les avons présentés « comme des vérités certaines, sans les embarrasser de démonstrations « inutiles, en prenant soin de les exprimer dans un langage symbolique, « intelligible pour nous seuls et pour les disciples auxquels nous con- « sentons à l'expliquer. Nous n'avons pas voulu avilir la science, en l'a- « baissant à la portée du peuple. Nous lui avons donné seulement les « connaissances dont il avait besoin pour régler les détails de sa vie, et « les soumettre religieusement à la direction des influences célestes. « Nous lui avons présenté quelques appareils mécaniques, imitant la « structure du ciel et les mouvements des astres, pour lui faire admirer « ces merveilles, et nullement pour lui apprendre les méthodes qui nous « les ont fait découvrir. Ne supposez donc plus que nous avons ignoré « ce que nous avons voulu tenir secret. » Ce discours de mon pandit étant uniquement composé d'affirmations dénuées de preuves, je me bornerai à leur opposer le précepte inflexible de notre philosophie occidentale : *nullius in verba*. Si nous pouvions les croire, nous devrions bien regretter que les brames n'aient pas étendu leurs révélations au delà du viiie siècle de notre ère. Car, par l'effet de cette réserve, ils ne nous ont rien appris que nous ne sussions déjà quand leurs livres nous sont parvenus. Mais peut-être ne les avons-nous pas assez étudiés. C'est pourquoi je vais, avec l'aide de M. Regnier, continuer d'analyser les doctrines du *Sûrya-Siddhânta*, dans l'espérance d'y découvrir des richesses qui nous avaient été préparées, et qui nous étaient restées inconnues.

TROISIÈME ARTICLE.

Quand on connaît les durées des révolutions sidérales du soleil, de la lune, et des planètes, on peut en conclure, pour tout instant donné, les positions moyennes, autour desquelles ces astres semblent perpétuellement osciller. Mais, pour prédire leurs positions véritables, ce qui est le but principal de l'astronomie pratique, il faut pouvoir assigner à chaque instant le sens et la grandeur de ces écarts, que les astronomes grecs appelaient *les mouvements d'anomalie*. Ils étaient parvenus à en représenter fort approximativement toutes les phases, au moyen d'hypothèses géométriques, qui, depuis, se sont transmises pour le même usage, aux astronomes arabes, persans, tartares, occidentaux, plus tard aux Chinois. On n'a rien connu de mieux jusqu'au temps de Kepler. Les Hindous les ont-ils adoptées, ou en ont-ils inventé d'autres qui leur soient propres? Ils ne le disent point. Mais nous pourrons le découvrir en analysant les règles que leurs livres prescrivent pour résoudre les mêmes problèmes. Car l'identité ou la dissemblance des conceptions se décélera évidemment dans les pratiques pareilles ou différentes qui en sont dérivées. La première et indispensable condition de cette étude sera donc de bien savoir en quoi consistaient celles de ces anciennes conceptions qui nous sont connues, et quel courant d'idées les a fait naître, aux époques où on les a imaginées. C'est ainsi que je vais procéder.

Les hypothèses grecques étaient la conséquence logique de deux propositions, qui furent universellement admises comme axiomes, dans toute l'antiquité et dans le moyen âge : les mouvements révolutifs des corps célestes sont uniformes, et leurs orbites sont des cercles parfaits. Rien de plus naturel qu'une telle croyance, toute fausse qu'elle est. Et d'abord, comment s'imaginer que ces mouvements fussent variables, les voyant s'accomplir en toute liberté, dans des périodes de temps rigoureusement constantes pour un même astre, sans déceler l'existence d'aucun obstacle, qui eût modifié leurs vitesses propres? Comment auraient-ils pu s'accélérer ou se ralentir, étant éternels, et opérés sans choc, ni rencontre, ni résistance? Copernic lui-même, dans le mémorable livre où il rétablit si hardiment la circulation de la terre autour du soleil en commun avec les autres planètes, soutint, comme une vérité palpable, qu'on ne peut pas admettre dans les corps célestes des mouvements variables, qu'il faudrait attribuer à l'imperfection de leur essence, ou à l'inconstance de la vertu motrice qui les conduit; et cela, dit-il, *quoniam ab utroque abhorret intellectus, essetque indignum tale aliquid in illis existimari* [1].

L'uniformité des mouvements étant acceptée à titre de fait, la circularité des orbites en était une conséquence nécessaire. Le cercle seul réalisait autour de son centre les conditions de similitude, compatibles avec une identité permanente de mouvement et d'état physique, dans toutes les phases de chaque révolution. Aussi lorsque Kepler, en 1609, reconnut par des mesures géométriques incontestables, que Mars décrit autour du soleil une orbite ovale, dans laquelle sa vitesse de circulation varie périodiquement par intermittence, il ne pouvait en croire ses yeux; et il se torturait l'esprit, pour deviner le principe occulte qui forçait ainsi la planète à s'approcher du soleil et à s'en éloigner tour à tour, comme par une sorte de libration éternellement réitérée. Heureusement pour lui, dans cet accès d'inquiétude fiévreuse, il vint à se rappeler le traité de Gilbert *De magnete*, qui avait été publié à Londres neuf années auparavant. Dans ce remarquable ouvrage, Gilbert établit par l'expérience que la terre agit sur les aiguilles aimantées, et sur les barres de fer placées près de sa surface, comme serait un véritable aimant ayant ses pôles propres; et, par une extension conjecturale qui était un pressentiment vague de la vérité, il va jusqu'à prétendre qu'elle est retenue autour du soleil dans son orbite constante par l'affection magnétique qu'elle a pour cet astre. Cette idée fut pour Kepler un trait de lumière. Elle lui fit voir aussitôt la cause secrète des mouvements alternatifs qui l'avaient tant embarrassé; et, dans la joie de cette découverte :
« Si, dit-il, on trouve impossible d'attribuer cette libration à une faculté
« magnétique exercée par le soleil sur la planète à travers l'espace, sans
« intermédiaire matériel, il faudra que la planète elle-même soit douée
« d'une sorte de perception intelligente, qui lui donne à chaque instant
« la connaissance des angles et des distances pour régler ses mouve-

---

[1] *De revolutionibus corporum cœlestium*, page 3, editio princeps.

« ments. » L'alternative ainsi posée se résolvait d'elle-même. Les hypothèses anciennes ne pouvaient plus se soutenir en présence du fait réel. Il n'était plus besoin de conjectures; le mécanisme même des mouvements célestes s'offrait aux regards. Il n'y avait plus qu'à en étudier les détails.

Paraîtrai-je trop m'écarter de mon sujet, si je m'arrête un moment à faire remarquer que, pour arriver à cette mémorable découverte, il fallut qu'il se produisît, en moins d'un siècle, trois hommes, dont les travaux et les aptitudes diverses, y furent également nécessaires? Copernic d'abord, esprit méditatif et hardi, qui rappelant, et comparant entre elles, les opinions des anciens philosophes, remit dans une entière évidence le véritable arrangement de l'univers. Après lui Tycho-Brahé, consacrant une longue vie et une grande fortune, à former une collection d'observations astronomiques, dont la richesse et la précision étaient jusque-là sans exemple. Puis ce trésor tombant aux mains de Kepler; celui-ci doué des deux facultés les plus distinctives du génie, l'imagination et la patience; se dévouant à calculer toutes les observations de Tycho, à en construire les résultats immédiats sans idée préconçue; et quand il les voit, assez intrépide pour secouer une erreur admise comme vérité indubitable depuis plus de trois mille ans. Ajoutez que tout cela eût été inutile sans le hasard heureux qui porta ses premiers efforts sur l'orbite de Mars, la seule, dans notre système planétaire, dont la forme elliptique lui pût devenir immédiatement perceptible à travers les incertitudes des observations qu'il employait. S'il les eût appliqués à toute autre planète ils eussent été vains. C'est le cas d'élever un autel à la bonne fortune.

Je reviens aux origines. Pour appliquer à un exemple simple et décisif, le principe d'étude comparative que j'ai tout à l'heure énoncé, je prends le travail d'Hipparque sur le mouvement du soleil, dont nous allons retrouver la copie défigurée chez les Hindous; et je me place avec lui dans les idées alors admises. La terre est immobile et le soleil est en mouvement autour d'elle. Puisque la marche de l'astre dans son orbite circulaire est uniforme, les inégalités que nous y apercevons ne peuvent être que des illusions de perspective, provenant de ce que la terre n'est pas au centre de cette orbite. En effet, concevons, dans le plan de l'écliptique une circonférence de cercle, excentrique à la terre, et plaçons-y le soleil qui la parcourra tout entière dans l'intervalle d'une année. Les arcs égaux qu'il y décrira en une même fraction de l'année, par son mouvement uniforme, sous-tendront dans notre œil des angles de grandeur inégale, selon qu'ils se présenteront à nous dans des circonstances diverses de direction et de distance. Le problème astronomique consistera donc à découvrir quelles doivent être l'excentricité, la grandeur, et l'orientation de la circonférence solaire, pour que ces inégalités optiques soient toujours conformes à celles qu'on observe. Premièrement il faudra qu'elle embrasse la terre; car nous voyons toujours le soleil y marcher dans un même sens. La distance de son centre à la terre devra être très-petite comparativement à son rayon, puisque les inégalités apparentes occasionnées par cette excentricité sont très-petites. On a représenté par approximation ces dispositions, à la suite de cet article dans la figure 1, où la lettre T désigne la terre, et C le centre de la circonférence que le soleil décrit[1]. Quant à l'orientation, pour concevoir l'influence qu'elle aura sur les effets optiques, menez idéalement de la terre au centre du cercle, une ligne droite T C que vous prolongerez à l'infini dans les deux sens. Elle coupera le cercle suivant un de ses diamètres que la terre partagera en deux portions inégales. La plus longue, qui s'étend au delà du centre de l'orbite, aboutit au point A où le soleil se trouve le plus loin de la terre. On le nomme l'*apogée*. La plus courte au point P où il en est le plus proche; on l'appelle le *périgée*. Ces deux points sont ainsi diamétralement opposés dans le ciel, et les apparences optiques qui s'y produisent correspondent aux conditions extrêmes d'éloignement ou de proximité qui leur sont propres. A l'apogée, le diamètre apparent du soleil, et sa vitesse de circulation apparente atteignent leurs plus petites valeurs; au périgée les plus grandes. Mais l'étendue totale de ces variations sur le contour entier de l'orbite étant très-petite, elles deviennent presque nulles dans leurs phases extrêmes, et ne peuvent plus fournir des indices de position suffisamment précis. A défaut de tels indices, dont l'application eût été immédiate, Hipparque s'en procura d'autres, plus sûrs quoique moins directs. Imaginez, dans le plan de l'écliptique, deux lignes droites indéfinies, menées de la terre, aux points équinoxiaux et solsticiaux ♈, ♋, ♎, ♑. Ces droites, se coupant à angles droits, partageront la circonférence solaire en quatre segments, d'amplitudes égales pour l'œil, inégales dans cette circonférence, dont le centre ne coïncide pas avec le centre de vision. Le soleil, qui les parcourt en totalité dans l'intervalle d'une année, emploiera donc, pour passer de l'un à l'autre, des temps inégaux que l'observation fera connaître; de là on conclura, proportionnellement, les arcs divers de sa circonférence qu'il a réellement décrits

---

[1] On a été obligé d'exagérer considérablement la grandeur de l'excentricité C T pour qu'elle pût devenir sensible, dans la figure.

en mouvement uniforme, pendant les mêmes temps; et en comparant ces arcs aux angles visuels égaux qui les embrassent, le sens, l'étendue, la marche progressive de leurs différences, fourniront des données certaines pour découvrir les positions des points apogée, périgée, ainsi que la proportion de l'excentricité au rayon de la circonférence décrite, qui produisent de tels effets.

Cette invention d'Hipparque lui réussit complétement, et plus aisément peut-être qu'il ne l'avait espéré. Il connaissait la durée de l'année entière, un peu moindre que $365^j,25$. Or les observations lui donnaient :

	TEMPS ÉCOULÉS.	MOUVEMENT dans l'orbite conclu [1].
De l'équinoxe vernal au solstice d'été..............	$94^j.12^h$	$93°.\ 9'.15''$
Du solstice d'été à l'équinoxe d'automne........	$92^j.12^h$	$91°.10'.58''$
Donc : de l'équinoxe vernal à l'équinoxe automnal.	$187^j.00^h$	$184°.11'.13''$

Puisque ces deux quadrants optiques embrassent plus de la moitié de la circonférence solaire, le centre de cette circonférence et son apogée s'y trouvent compris. On voit même que l'apogée est contenu dans le premier des deux, puisque le mouvement y est plus lent que dans le second. Ceci reconnu, les nombres précédents suffisent à Hipparque, pour achever de résoudre le problème; et il en conclut mathématiquement :

La longitude de l'apogée comptée de l'équinoxe vernal : $\lambda = 65°.\,3o'$.

Le rapport de l'excentricité au rayon de la circonférence décrite : $e = \frac{1}{24}$.

Je ne rapporte pas ici le détail de son calcul; mais dans la note 1re, annexée à cet article, je le reproduis sous des formes symboliques qui le rendent applicable à tous les temps. Cela nous servira tout à l'heure pour le transporter à l'époque du *Sûrya-Siddhânta*. Car les données astronomiques et les déductions, étant différentes en différents siècles, il faut pouvoir découvrir l'identité de la méthode, à travers la dissemblance des résultats.

----

[1] Ces nombres, dans Ptolémée, sont calculés comme je l'ai fait ici, en prenant pour la durée de l'année, l'évaluation approximative $365^j,2$.

Les mêmes motifs m'obligent à signaler, dans le mode d'application, certains traits distinctifs qui devront se trouver inévitablement communs à la copie et à l'original. Mais, comme je ne pourrais les définir, et en montrer l'application précise, sans m'aider de quelques démonstrations mathématiques, je rejette ces détails dans une note spéciale d'où je tirerai les résultats qui me seront nécessaires à mesure qu'ils interviendront dans la série des raisonnements.

Nous voilà complétement préparés pour découvrir les vestiges des méthodes grecques dans les opérations numériques des astronomes hindous. Reste à choisir un texte qui nous les montre à leur état primitif. Nous ne pouvons les prendre immédiatement dans le *Sûrya-Siddhânta*. Il n'a pas encore été traduit en langage européen, et il n'est intelligible aux indianistes les plus exercés, aux pandits même, que par l'intermédiaire des commentateurs. Il faudra donc recourir à des ouvrages qui lui sont postérieurs, et dont l'orthodoxie astronomique est avérée. C'est ce qu'ont fait Davis, Colebrooke, Bentley, et tous ceux qui, après eux, ont entrepris de nous faire connaître les règles de l'astronomie indienne. Mais, n'est-il pas à craindre que les doctrines dont nous voulons retrouver les traits originaux, ne se présentent ainsi modifiées, défigurées par l'introduction d'idées qui leur étaient primitivement étrangères? Heureusement un fait, résultant de la prétention d'immutabilité inhérente à la science brahmanique, exclut ce soupçon. Tous les traités d'astronomie hindous, postérieurs au *Sûrya-Siddhânta*, ont pour objet de développer et d'appliquer les préceptes contenus dans ce livre sacré. Les règles de calcul que leurs auteurs exposent, sont la reproduction avouée de celles qu'ils y ont puisées. De là un concours de déductions et de pratiques commun à toute l'Inde. Par exemple : les tables du soleil et de la lune que Davis a traduites d'un ancien ouvrage sanscrit, le *Macaranda*, et qu'il a publiées dans le tome II des *Asiatic Researches*, sont identiquement les mêmes que les brames de Christanabouram avaient communiquées au P. Duchamp, et ceux de Tirvalour à l'astronome Legentil, en les leur donnant comme fondées sur le *Sûrya-Siddhânta*, jusqu'alors inconnu aux Européens. On peut constater cette identité, en consultant le traité de Bailly sur l'astronomie indienne, où elles sont imprimées pages 336 et 337. Les éléments de ces tables se rapportent à l'époque fondamentale fixée par le *Sûrya-Siddhânta*, l'équinoxe vernal y étant supposé coïncider avec l'étoile ζ des Poissons; et, dans les applications, les mouvements moyens se calculent à partir de cette date, avec la durée de l'année sidérale qui s'y trouve prescrite. Nous pouvons donc, en toute assurance, considérer ces tables et les traités d'astronomie hindous qui les contiennent, comme des monuments authentiques de l'ancienne science indienne qui s'y est conservée sans altération ; et je vais m'autoriser de ce fait pour l'en extraire.

On y admet tacitement que le soleil, la lune et les planètes décrivent, en mouvement uniforme, des circonférences de cercle excentriques à la terre, et l'on attribue à chacune de ces circonférences, les éléments déterminatifs qui conviennent à l'époque fondamentale où l'étoile ζ des Poissons coïncidait avec l'équinoxe vernal. La réduction des lieux moyens aux lieux vrais s'obtient par des opérations analogues à celles que l'on voit appliquées à cette même hypothèse dans Ptolémée. Mais elles sont compliquées de constructions inutiles, et gâtées par des additions empiriques qui les rendent fautives. Pour mettre ceci en évidence il me suffira de suivre les méthodes indiennes dans leur application au mouvement circulaire du soleil. Car le même type sert pour la lune et les planètes, avec un mélange de géométrie et d'empirisme tout à fait pareil.

Il faut premièrement définir les éléments de la circonférence décrite. En se reportant à la figure 1, ces éléments sont : 1° la longitude de l'apogée A, comptée à partir de l'étoile ζ des Poissons ; 2° le rapport de l'excentricité CT au rayon CA de l'orbite. Voici les valeurs que les Hindous leur attribuent :

1° Longitude sidérale de l'apogée comptée de ζ des Poissons. $\lambda = 77°. 17'. 15''$

2° Excentricité . . . . $e = 0{,}0379889 = \dfrac{1}{26\frac{1}{2}}$ [1].

Ils supposent ces deux données invariables même aujourd'hui. Ce sont deux erreurs. La longitude ζ étant comptée à partir d'une étoile fixe serait en effet invariable si l'apogée du soleil était immobile. Mais il a dans le ciel un mouvement propre direct, qui accroît sa longitude sidérale de 11''81 sexagésimales par année, ou de 19'41'' par siècle, ce que des observateurs précis ne sauraient négliger. Quant à l'excentricité, elle décroît aussi avec le temps ; et, aujourd'hui, elle est à peu près

---

[1] Les astronomes hindous ne présentent pas explicitement la valeur de l'excentricité, sous sa forme fractionnaire, comme je le fais ici. Mais je la conclus mathématiquement de leurs tables par un théorème qui est particulier à l'hypothèse de l'excentrique. C'est que la fraction représentative de l'excentricité est égale à la tangente trigonométrique de l'équation du centre ε_q, qui a lieu pour 90° d'anomalie moyenne. Or les tables indiennes s'accordent pour faire cette équation ε_q de l'orbite solaire égale à 2°. 10'. 32'' ; d'où l'on déduit la valeur fractionnaire de e telle que je l'ai rapportée.

égale à $\frac{1}{30}$ [1]. Mais sa variation est trop faible pour que les Hindous pussent l'apercevoir.

La longitude sidérale 2ˢ. 17°. 17′. 15″, attribuée ici à l'apogée, peut également être supposée avoir pour origine l'équinoxe vernal mobile, puisque l'étoile des Poissons était censée coïncider avec cet équinoxe quand elle fut déterminée. En la considérant à ce point de vue, je trouve par les formules de la mécanique céleste, que l'apogée du soleil a dû atteindre cette longitude en l'an 507 de notre ère. D'une autre part, nous avons déjà reconnu que l'étoile ζ des Poissons a coïncidé avec l'équinoxe vernal mobile en 572. On ramènerait ces deux dates l'une à l'autre en admettant que la longitude de ζ a été supposée trop forte de 54′.12″, ou celle de l'apogée trop faible de 61′.12″, ce qui n'aurait rien que de très-possible; et, en partageant l'erreur, on aurait l'an 540 pour la date probable du *Sûrya-Siddhânta*. Mais des mouvements aussi lents ne peuvent fournir que des indications approximatives de dates absolues.

Les Hindous ne disent pas comment ils ont déterminé les éléments qu'ils attribuent à l'excentrique solaire, ni de quelles données d'observation ils les ont déduits. Mais nous pouvons conclure ces données des éléments mêmes, par les formules que j'ai établies dans la note 1ʳᵉ. Je trouve ainsi qu'elles ont dû être telles que les présente le tableau suivant, où j'ai poussé les évaluations jusqu'à de petites fractions de temps et d'arcs, qui, sans doute, ne leur étaient pas saisissables.

	TEMPS ÉCOULÉS.	MOUVEMENT dans l'orbite.
De l'équinoxe vernal au solstice d'été......	93ʲ. 22ʰ. 55ᵐ. 50ˢ,271	92°. 36′. 9″,78
Du solstice d'été à l'équinoxe d'automne....	92ʲ. 23ʰ. 36ᵐ. 10ˢ,781	91°. 38′. 41″,08
De l'équinoxe d'automne au solstice d'hiver..	88ʲ. 16ʰ. 10ᵐ. 28ˢ,007	87°. 23′. 50″,22
Du solstice d'hiver à l'équinoxe vernal......	89ʲ. 15ʰ. 30ᵐ. 7ˢ,497	88°. 21′. 18″,92
Durée de l'année sidérale indienne........	365ʲ. 6ʰ. 12ᵐ. 36ˢ,556	360°. 0′. 0″,00

[1] Ceci doit s'entendre de l'excentricité évaluée dans l'hypothèse du cercle excentrique. Car l'excentricité elliptique n'en est que la moitié. (Voyez mon *Traité d'astronomie*, tome IV, page 498.)

La deuxième colonne montre les intervalles des saisons d'où les éléments de l'excentrique hindou résultent. Mais comment ont-ils pu se procurer la connaissance de ces intervalles, dont l'évaluation, même approximative, ne pouvait s'obtenir à ces époques anciennes, qu'au moyen d'observations de solstices et d'équinoxes, assidûment suivies, dans lesquelles l'expérience et le sens pratique de l'astronomie compensât l'incertitude des procédés ? Rien n'annonce ces qualités chez les Hindous; et les incorrections systématiques qu'ils ont volontairement admises dans les tables par lesquelles ils calculent les inégalités des mouvements célestes, nous les montreront tout à l'heure peu curieux de la précision scientifique. Ils n'ont pas reçu ces données des Arabes, qui, au v° siècle de notre ère, n'étaient pas en état de les leur fournir [1]. Mais ils ont pu les avoir des Chinois, chez lesquels l'observation assidue des mouvements célestes, particulièrement celle des solstices et des équinoxes employés à la confection annuelle du calendrier impérial, était, depuis les temps les plus reculés, un office supérieur du Gouvernement. Or, justement, dans les dernières années du v° siècle, vers le temps où le *Sûrya-Siddhânta* fut rédigé, un Chinois appelé *Tchang-tse-sin*, qui avait passé trente ans de sa vie dans la solitude, occupé de calculs et d'observations astronomiques, apprit à ses compatriotes l'inégale durée des quatre saisons de l'année solaire qu'ils avaient jusqu'alors ignorée, quoiqu'elle fût sans doute depuis longtemps empreinte dans leurs observations de solstices et d'équinoxes, où l'on ne s'était pas avisé de la chercher; et il leur donna aussi les premières règles qu'ils eurent pour calculer les inégalités des mouvements du soleil. Il fut en grande réputation à la cour des *Tsi* septentrionaux, et les astronomes des dynasties suivantes rendirent d'universels hommages à ses découvertes [2]. Je ne

---

[1] Albategni est le premier des astronomes arabes qui, en l'an 882 de notre ère, détermina, par des observations nouvelles, la durée de l'année tropique et les intervalles actuels des saisons, d'où il déduisit les éléments de l'excentrique solaire en y appliquant le calcul d'Hipparque. Il trouva ainsi la longitude de l'apogée solaire égale à 82° 17′, plus grande de 5° que celle des Hindous, ce qui dénote une époque plus tardive d'environ deux cent quatre-vingt-onze années, et reporterait celle du *Sûrya-Siddhânta* à l'an 591 de notre ère, si l'on supposait les observations des deux parts rigoureusement exactes. Mais, en tenant compte des erreurs dont elles ont dû inévitablement être affectées, il est satisfaisant de trouver qu'elles s'accordent avec les autres indications que nous avions déjà recueillies, pour marquer le milieu du vi° siècle comme l'époque la plus vraisemblable de la rédaction du *Sûrya-Siddhânta*. Sur les observations d'Albategni, on peut consulter son traité *De numeris stellarum et motibus*, cap. xxvii; et mon *Résumé de chronologie astronomique*, Mémoires de l'Académie des sciences, tome XXII, pages 345 et suivantes. — [2] Gaubil, *Histoire de l'astronomie chinoise*, Recueil de Souciet, tome II, pages 57-60.

vois pas d'autre source plus sûre et plus prochaine, où l'auteur du *Sûrya-Siddhânta* ait pu puiser les éléments déterminatifs de l'excentrique solaire propre à son temps.

Quand on connaît le mouvement moyen du soleil, et la position de la terre à l'intérieur de la circonférence excentrique qu'il décrit autour d'elle en mouvement uniforme dans l'intervalle d'une année, c'est un problème géométrique très-simple que de calculer les inégalités qui doivent paraître s'opérer dans son mouvement de circulation, du point de vue d'où on l'observe. Le lieu apparent se conclut à chaque instant du lieu réel, par l'intermédiaire d'un triangle rectiligne que les Hindous pouvaient et savaient résoudre aussi bien que Ptolémée. J'expose dans la note 2 ce petit calcul tel que l'a fait l'astronome grec, et je montre comment il en a déduit des tables qui, en chaque point de l'orbite où le soleil se trouve, donnent immédiatement en nombres, la correction additive ou soustractive qu'il faut appliquer à son mouvement moyen pour obtenir son lieu apparent. Les Hindous, comme je l'ai dit, ont aussi des tables numériques destinées au même usage. Mais, au lieu de les former par le procédé de calcul exact et simple qui s'offrait naturellement à eux, ils les ont fondées sur une conception mêlée de géométrie et d'empirisme, dont l'emploi inexact à la fois et bizarre est formellement prescrit dans le *Sûrya-Siddhânta*, non pas seulement pour le soleil, mais aussi pour la lune et les planètes. Autour du point de l'excentrique où l'astre est arrivé, ils décrivent une circonférence de cercle, dont ils règlent le contour de manière que son rayon représente la valeur locale de l'excentricité, qu'ils font varier dans les diverses portions de l'orbite, suivant certaines lois; et, sur cette circonférence auxiliaire, ils établissent une construction géométrique d'où ils déduisent la valeur locale de la correction que nous appelons *l'équation du centre.* Ceci a fait dire que les Hindous emploient les épicycles grecs. Mais l'assimilation est inexacte. Les épicycles grecs étaient disposés tout autrement, et avaient un tout autre objet[1]. Davis, au tome II des *Asiatic Researches,* page 249, a décrit avec détail la construction géométrique des Hindous; et Delambre a traduit cet exposé en langage algébrique, ce qui lui en a donné une expression si fidèle, qu'il a pu en déduire avec une identité parfaite tous les nombres contenus dans les tables indiennes[2]; et cet accord lui inspire une grande admiration pour l'habileté arithmétique de ceux

---

[1] Voyez l'exposé complet des hypothèses grecques dans le volume du *Journal des Savants* pour 1843, numéro de novembre. — [2] Delambre, *Histoire de l'astronomie ancienne,* tome I, pages 462 et suivantes.

qui les ont calculées. Mais ce qui importe bien plus, c'est de savoir si elles sont vraies ou fausses dans leur application au ciel. Or, la seule inspection de ces tables montre qu'elles sont inconciliables avec les phénomènes. En effet, elles n'embrassent qu'un seul quart de l'orbite, et on les applique indifféremment à son contour entier, aux quadrants qui confinent à l'apogée, comme à ceux qui confinent au périgée, quoique, dans ces derniers, le mouvement apparent soit plus rapide que dans les autres, ainsi que le dit formellement le *Sûrya-Siddhânta*. Les erreurs qui résultent de cette uniformité d'application s'élèvent jusqu'à 3′ 4″ pour le soleil, et jusqu'à 13′ 58″ pour la lune, dans les points de l'orbite où elles sont les plus grandes, comme on peut le voir dans la note 2, où je les ai rendues évidentes par comparaison, en calculant les vrais nombres par la formule exacte, établie pour chacun des deux astres, sur la même valeur de l'excentricité qui est employée dans la table indienne. Des règles de calcul toutes pareilles sont prescrites dans le *Sûrya-Siddhânta* pour les excentriques des planètes; et cette généralisation est formellement exprimée, au chap. II, çloka 34, 35, dans un passage que M. A. Regnier a bien voulu me traduire. Mais je ne crois pas nécessaire d'entrer ici dans plus de détails sur ces vaines hypothèses dont on pourra prendre une idée suffisante dans l'analyse que Delambre en a donnée. Le résultat général, qui seul nous intéresse, c'est que, dans cet important problème de la détermination des inégalités, dont la solution est le but final de toute l'astronomie observatrice, la science indienne, cette science antique et divinement révélée, que l'on nous avait présentée comme ayant enseigné le reste du monde, n'aboutit définitivement qu'à un empirisme inacceptable en principe, et fautif dans l'application.

Ce dénoûment, inattendu peut-être, suggère un soupçon qui ferait disparaître ce qu'il a d'étrange. Que les brames ayant adopté, et fait accepter aux populations de l'Inde, les préceptes du *Sûrya-Siddhânta* comme émanés d'une révélation divine, aient persisté depuis à les pratiquer, en y attachant le caractère d'inviolabilité d'un rite, cela s'explique naturellement par l'intérêt qu'ils avaient à ne pas laisser croire que des doctrines venues de si haut pussent être contrôlées ou perfectionnées par la science humaine. Mais comment, au VI° siècle de notre ère, l'auteur de ce livre, ayant adopté l'excentrique d'Hipparque, a-t-il imaginé de déterminer les inégalités des mouvements par un procédé empirique, complexe et inexact, au lieu d'y appliquer le calcul si simple de Ptolémée, dont tous les détails lui étaient parfaitement intelligibles? La seule raison plausible que l'on puisse donner de ce fait, c'est que peut-être il n'a pas connu l'ouvrage de l'astronome grec, ou qu'il l'a trouvé trop abstrait pour vouloir s'en servir, ou trop répandu pour oser le copier. Ce soupçon, tout extraordinaire qu'il doive paraître, semble confirmé par le passage suivant d'un auteur arabe, Albirouni, qui, au commencement du xie siècle de notre ère, était entré dans l'Inde à la suite des armées musulmanes, et l'avait parcourue en observateur pendant deux années. Possédant une instruction très-variée, et personnellement versé dans les sciences astronomiques, alors fort cultivées par les Arabes, il se mit en rapport intime avec les brames qui faisaient profession de les pratiquer[1]. « Les traités indiens, dit-il, sont écrits en vers : les « indigènes croient les rendre ainsi plus faciles à retenir dans la mémoire. « Ils ne recourent aux livres qu'à la dernière extrémité. On les voit même « s'attacher à apprendre des vers dont ils ignorent tout à fait le sens. J'ai « reconnu, à mes dépens, l'inconvénient de cet usage. J'avais fait, pour « les indigènes, des extraits du traité d'Euclide et de l'Almageste. J'avais « composé un traité de l'astrolabe, à leur intention, afin de les initier « aux méthodes des Arabes. Mais, aussitôt, ils mirent ces morceaux en « *çlokas*, de manière qu'il était fort difficile de s'y reconnaître. » Ce passage de l'auteur arabe me semble très-clair. Que les brames n'aient pas employé l'astrolabe de Ptolémée, nous pouvions bien nous en douter, ne le trouvant mentionné, ni dans le *Sûrya-Siddhânta*, ni dans les ouvrages de ses commentateurs, où il n'est parlé que d'appareils de démonstration, jamais d'instruments précis, destinés à des observations réellement astronomiques. Mais, puisque Albirouni trouvait à propos de leur faire des extraits de l'Almageste, qu'ils s'appropriaient comme des nouveautés, apparemment ils ne connaissaient pas cet ouvrage; à moins qu'on ne veuille dire qu'il leur avait été connu autrefois, et qu'ils ne s'en souvenaient plus, ce qui serait peu compatible avec leurs habitudes de persistance dans les doctrines qu'on leur avait enseignées. Je puis fortifier ces deux inductions, en m'appuyant sur l'opinion tout à fait pareille que paraît s'être formée, à plus de titres, l'habile indianiste américain M. Whitney, qui a entrepris une traduction complète du *Sûrya-Siddhânta*, et dont le travail, déjà fort avancé, deviendra prochainement public. Car, dans une lettre dernièrement adressée par lui à M. Regnier, qui a bien voulu me la communiquer, M. Whitney annonce « qu'après avoir pris une possession entière de l'ouvrage, il pense « pouvoir être en état d'établir, avec une suffisante évidence, qu'il a été

---

[1] Manuscrit d'Albirouni, fol. 3a, cité par M. Reinaud dans son Mémoire sur l'Inde. *Académie des inscriptions et belles-lettres*, t. XVIII, IIe partie, p. 334.

« emprunté à des Grecs [astronomes où astrologues] antérieurs à Ptolémée. » S'il y a quelque indiscrétion de ma part à me prévaloir d'un
assentiment qui n'est pas encore publiquement exprimé, pour justifier
une opinion que je partage, je dirai pour mon excuse, qu'il y a moins
d'inconvénient à être indiscret qu'à se faire honneur des idées d'autrui.

Dans un dernier article je compléterai cette étude par la discussion
de quelques points de critique, qu'on ne peut en séparer; après quoi je
n'aurai plus qu'à mettre en lumière le grand plagiat astronomique sur
lequel les Hindous ont fondé l'institution de leurs *nakshatras*. Et, en cela
du moins, je ne commettrai qu'une indiscrétion tout à fait permise.

NOTE 1ʳᵉ.

RÉSOLUTION SYMBOLIQUE DU PROBLÈME D'HIPPARQUE.

J'établis les raisonnements sur la figure 1, dont la construction a été expliquée
dans le texte, p. 372. T y désigne la terre, placée au centre du grand cercle suivant
lequel le rayon de l'écliptique coupe la sphère céleste dont le rayon est supposé in-
défini. C est le centre du cercle que le soleil décrit. Du point T on a mené deux
droites rectangulaires entre elles, qui sont dirigées aux points équinoxiaux et solsticiaux, et leurs intersections avec l'orbite solaire sont désignées par les caractères
astronomiques propres à ces points. Enfin, par le centre C, on a mené deux droites
rectangulaires parallèles à celles-là, et les quatre points où elles coupent l'orbite
sont désignés par E, F, G, H.

Soit a la durée de l'année solaire exprimée en jours et fractions de jours. Ce sera
l'année tropique, si l'on compte la longitude AT ♈ de l'apogée A, à partir de l'é-
quinoxe vernal mobile ♈, comme le faisait Hipparque. Ce sera l'année sidérale si
l'on veut rapporter cette longitude à une étoile actuellement en coïncidence avec ce
même équinoxe, comme le font les Hindous.

Dans les deux cas, le mouvement angulaire du soleil en un jour, autour du centre
C, sera $\dfrac{360°}{a}$. Je le désigne symboliquement par m. Alors l'angle ACS, décrit dans le
nombre t de jours, sera mt; réciproquement : si t est donné, l'angle décrit sera
$\dfrac{t}{m}$.

Ceci convenu, pour généraliser les données d'Hipparque, je remarque que, si
l'excentricité était nulle, le nombre de jours compris entre deux équinoxes consécutifs sera $\dfrac{1}{4} a$, ce qui répondrait à un mouvement de 90°. Nommant donc $+ \varpi$ et
$+ \alpha$ les nombres de jours qui *excèdent* ce quart dans les deux intervalles qu'il a
observés, je forme le tableau suivant, qui comprendra tous les cas analogues, en attribuant des valeurs positives, nulles, ou négatives, aux symboles ϖ et α.

	INTERVALLES de temps.	MOUVEMENTS.
De l'équinoxe vernal au solstice d'été......	$\frac{1}{4}\,a + \varpi$	$90° + m\,\varpi$
Du solstice d'été à l'équinoxe d'automne....	$\frac{1}{4}\,a + \alpha$	$90° + m\,\alpha$
Sommes................	$\frac{1}{2}\,a + \varpi + \alpha$	$180° + m\,(\varpi + \alpha)$

La somme des mouvements représente l'arc total ♈ E ♋ G ♎. Or la portion intérieure E ♋ G contient à elle seule 180°. Conséquemment l'excès $m\,(\varpi + \alpha)$ exprime la somme de deux arcs ♈ E, G ♎ ; et, comme ils sont évidemment égaux, on aura, en définitive :

$$♈\,E = ♎\,G = \frac{1}{2}\,m(\varpi + \alpha).$$

Par les données du problème, l'arc ♈ E ♋ est $90° + m\,\varpi$. Retranchez ♈ E qui est $\frac{1}{2}\,m\,(\varpi + \alpha)$; il restera EF ♋ égal à $90° - \frac{1}{2}\,m\,(\varpi - \alpha)$; d'où retranchant EF, qui à lui seul contient 90°, on aura en définitive :

$$♋\,F = ♑\,H = \frac{1}{2}\,m\,(\varpi - \alpha).$$

Ces deux évaluations vont nous suffire, pour déterminer l'excentricité CT, et la longitude AT♈ de l'apogée A, que j'ai désignées respectivement par les lettres e, λ, dans la figure.

En effet : dans le triangle rectangle CTY, construit sur ET ou e, comme hypoténuse, le côté CY est $e\sin\lambda$, et le côté TY est $e\cos\lambda$; or ces côtés sont respectivement égaux aux perpendiculaires ♈ε et ♋$\varnothing$, qui sont les sinus des arcs ♈ E, ♋ F, dont nous venons de déterminer les valeurs dans la circonférence excentrique. Donc, en prenant pour unité le rayon CA de cette circonférence, on aura ces deux égalités :

$$(1) \qquad e\sin\lambda = \sin\frac{1}{2}\,m\,(\varpi + \alpha) ; \qquad e\cos\lambda = \sin\frac{1}{2}\,m\,(\varpi - \alpha).$$

de là on tirera e, ainsi que λ, quand ϖ et α seront donnés par l'observation, ce qui est le problème d'Hipparque ; ou inversement, si e et λ sont donnés on en tirera ϖ et α, comme nous aurons à le faire pour les Hindous.

Quand on connaît *a priori* ou par déduction ϖ et α, les durées et les intervalles des quatre saisons peuvent s'exprimer symboliquement par les relations suivantes, qui sont de toute évidence :

	ARCS DÉCRITS.	INTERVALLE de temps.
l'équinoxe vernal au solstice d'été :... $90° + \text{♈}E + F\text{♋} = 90° + \frac{1}{2}m(\varpi+\alpha) + \frac{1}{2}m(\varpi-\alpha) =$	$90° + m\varpi$	$\frac{1}{4}a + \varpi$
solstice d'été à l'équinoxe d'automne : $90° + G\text{♎} - F\text{♋} = 90° + \frac{1}{2}m(\varpi+\alpha) - \frac{1}{2}m(\varpi-\alpha) =$	$90° + m\alpha$	$\frac{1}{4}a + \alpha$
l'équinoxe d'automne au solstice d'hiver : $90° - G\text{♎} - H\text{♑} = 90° - \frac{1}{2}m(\varpi+\alpha) - \frac{1}{2}m(\varpi-\alpha) =$	$90° - m\varpi$	$\frac{1}{4}a - \varpi$
solstice d'hiver à l'équinoxe vernal :... $90° + \text{♑}H - \text{♈}E = 90° + \frac{1}{2}m(\varpi-\alpha) - \frac{1}{2}m(\varpi+\alpha) =$	$90° - m\alpha$	$\frac{1}{4}a - \alpha$
Somme..	$360°$	a

Venons maintenant aux applications. Pour les Hindous, on aura d'abord :

$$a = 365^j\ 6^h\ 12^m\ 36^s, 556 = 365^j, 2587565,$$

donc :

$$\log a = 2,5626006 \qquad \text{et } \log \frac{36}{a} \text{ ou } \log m = \overline{1}\,99337019 \qquad \frac{1}{4}a = 91^j\ 7^h\ 33^m\ 9^s, 139$$

Les autres données sont :

$$e = 0,03798886 \qquad\qquad \lambda = 77°\ 17'\ 15''$$

$$\log e = \overline{2},5796563 \qquad \log \sin\lambda = \overline{1},9892213; \qquad \log \cos\lambda = \overline{1}\,3425392$$

avec ces éléments les équations (1) donnent :

$$\frac{1}{2}m(\varpi+\alpha) = 2°\ 7',\ 25''\ 43; \qquad \frac{1}{2}m(\varpi-\alpha) = 0°\ 28'\ 44'',\ 35$$

De là par addition et soustraction, on tire :

$$m\varpi = 2°\ 36'\ 9'',78 = 2°,602716; \qquad m\alpha = 1°\ 38'\ 41'',08 = 1°,644744$$

prenant les logarithmes des seconds membres, et en retranchant celui de m, on trouve :

$$\varpi = 2^j,640755 = 2^j\ 15^h\ 22^m\ 41^s,132; \qquad \alpha = 1^j,668769 = 1^j\ 16^h\ 3^m\ 1^s,642.$$

Connaissant ainsi $m\varpi$, ϖ, $m\alpha$, α, et $\frac{1}{4}a$, on peut remplir les cadres des formules symboliques qui expriment les durées des quatre saisons, et l'on obtiendra les valeurs que je leur ai attribuées dans le texte, page 40.

NOTE 2.

CALCUL DES INÉGALITÉS APPARENTES DU MOUVEMENT DANS L'EXCENTRIQUE.

Je prends comme exemple le mouvement du soleil. Les mêmes raisonnements et la même méthode s'appliqueraient à tout autre astre que l'on supposerait se mouvoir uniformément dans un cercle excentrique, dont les éléments déterminatifs seraient connus.

Ceci convenu, je suppose que la figure 2, déjà indiquée dans le texte, p. 378, représente l'excentrique décrit par le soleil dans le cours d'une année a. On connaît la longitude de l'apogée A; notons l'instant où le soleil y arrive. Puis supposons *qu'après* un certain nombre de jours $+\ t$, compté de ce passage, il se soit transporté sur son orbite en S. Nous pouvons calculer l'angle ACS, qu'il a décrit autour du centre C. Car son *moyen mouvement diurne* étant $\dfrac{360°}{a}$ ou m, l'angle ACS décrit en t jours, sera mt. En attribuant au symbole a la valeur admise par les Hindous, nous avons trouvé, dans la note précédente, $\log m = \overline{1},9937019$.

Dans notre langage astronomique actuel, l'angle ACS s'appelle *l'anomalie moyenne*, et l'angle ATS, qui répond au même point S, vu de la terre T, s'appelle *l'anomalie vraie*. Je le désignerai par le symbole v. Le problème de perspective que nous avons à résoudre consiste à déterminer v connaissant mt.

Or cela est très-facile; car l'angle mt étant extérieur au triangle SCT l'angle intérieur CST de ce triangle est $mt - v$. Donc, si l'on nomme e le rapport de l'excentricité CT au rayon CA ou CS que je prendrai pour unité, la proportionnalité des angles aux côtés opposés, qui a lieu dans tout triangle rectiligne, donnera immédiatement :

$$(1) \qquad \sin (mt - v) = e \sin v$$

et en changeant v en $v - mt + mt$ dans le second membre, on en tirera :

$$(2) \qquad \tang (mt - v) = \frac{e \sin mt}{1 + e \cos mt}$$

L'angle $mt - v$ s'appelle *l'équation du centre*. Si on le désigne par ε, les deux équations précédentes deviendront :

$$(1) \quad \sin \varepsilon = e \sin v; \qquad (2) \quad \tang \varepsilon = \frac{e \sin mt}{1 + e \cos mt}$$

et, quand ε sera connu par la seconde, on aura comme conséquence :

$$(3) \qquad v = mt - \varepsilon$$

Ce qui fera connaître *l'anomalie vraie* v, correspondante à chaque valeur donnée de *l'anomalie moyenne* mt.

Le second membre de l'équation (1) acquiert la plus grande de toutes ses valeurs quand l'anomalie vraie $v = 90°$. L'équation du centre ε, dont ce second membre représente toujours le sinus, est donc aussi alors dans son maximum de grandeur. Si on la désigne par E, on aura, pour cette phase spéciale :

$$\sin E = e.$$

Ce maximum se réalise donc dans les points Σ, Σ', où le rayon visuel $T\Sigma$, $T\Sigma'$, devient perpendiculaire au diamètre AP, qui va de l'apogée au périgée. L'expression de $\sin E$, qui s'y rapporte, est rendue évidente par la figure même.

Si dans l'équation (2) on fait l'anomalie moyenne $mt = 90°$, et que l'on nomme ε_q la valeur de l'équation du centre dans cette phase spéciale, il en résulte :

$$\tang \varepsilon_q = e$$

ε_q est donc moindre que E, puisque le sinus de E est égal à la tangente de ε_q.

Ce second cas se réalise quand le rayon CS, mené du centre C, devient perpendiculaire au diamètre AP ; et la figure montre qu'en effet alors la tangente trigonométrique de ε est égale à l'excentricité CT ou e, le rayon CS étant 1.

Dans les tables indiennes, on a :

> Pour le soleil, $\varepsilon_q = 2°.\ 10'.\ 32''$ d'où l'on déduit $e = 0,03798886$
> Pour la lune, $\varepsilon_q = 5°.\ 2'.\ 48''$ d'où l'on déduit $e = 0,0883092$

D'après les relations que nous venons d'établir, les plus grandes équations du centre qui correspondent à ces valeurs de ε_q, sont :

> Pour le soleil : $E = 2° 10'.\ 37'',\ 65$;   pour la lune : $E = 5°.\ 3'.\ 58'',\ 88$

d'après la relation (3) les anomalies moyennes qui correspondent à ces plus grandes équations E sont :

$$mt = 90 + E$$

elles surpassent donc 90°.

Par une inadvertance singulière, tous les auteurs européens qui ont écrit sur l'astronomie des Hindous, Davis, Colebrooke, Bailly, Delambre même, ont pris les ε_q de leurs tables pour les plus grandes équations E ; trompés, sans doute parce que ces tables ne s'étendant qu'à un seul quadrant, les ε_q qui les terminent sont en effet les plus grandes équations du centre qui s'y trouvent comprises. Mais c'est là une de leurs imperfections. L'erreur résultant de cette confusion, quoique numériquement peu considérable, est théoriquement fort importante, comme nous aurons tout à l'heure l'occasion de le voir.

Aujourd'hui que nous possédons des tables qui font connaître immédiatement les grandeurs des angles, d'après les valeurs numériques de leurs tangentes exprimées en parties du rayon, l'équation (2) nous permet de calculer directement l'angle ε qui correspond à chaque valeur donnée de l'anomalie moyenne mt. A défaut de pareilles tables on peut procéder par un détour. Du point T menez TΠ perpendiculaire à SC prolongé. Vous aurez évidemment :

$$T\Pi = e \sin mt ; \qquad C\Pi = e \cos mt ;$$

et par suite :

$$S\Pi = 1 + e \cos mt.$$

Le rapport $\dfrac{T\Pi}{C\Pi}$ reproduirait exactement l'expression de $\tang \varepsilon$, que donne notre équation (2). Mais, pour éviter les tangentes, calculez l'hypoténuse ST du triangle rectangle STΠ, et le rapport $\dfrac{T\Pi}{ST}$ vous exprimera le sinus de l'angle ε. Ptolémée procède à peu près ainsi ; en substituant des cordes aux sinus qu'il ne connaît pas. A l'aide de ce détour, il construit une table où les valeurs de l'équation du centre se présentent toutes calculées pour des valeurs de l'anomalie moyenne, espacées de 6°

— 50 —

en 6° dans le premier quadrant qui confine à l'apogée, et de 3° en 3° dans le second
qui confine au périgée, les variations du mouvement apparent y étant plus rapides.

A l'époque où le *Sûrya-Siddhânta* fut composé, les Hindous possédaient tous les
théorèmes de géométrie, de trigonométrie rectiligne, et d'arithmétique, dont ils avaient
besoin pour suivre cette voie simple. Mais apparemment ils ne l'ont pas connue, et ils
n'ont pas su la découvrir. Car, d'abord, ils sont partis de ce principe évidemment faux
que des tables de l'équation du centre, calculées pour le quadrant qui confine à l'a-
pogée, pouvaient s'adapter sans changement à celui qui confine au périgée, quoiqu'ils
n'ignorassent pas que le mouvement apparent est plus rapide dans celui-ci que dans
l'autre; et, pour ces deux, ils calculent les équations du centre par une règle empirique si bizarre, qu'après l'avoir traduite en formule, comme l'a fait Delambre, afin
d'en voir le mécanisme, on ne peut véritablement concevoir comment ils sont allés
se l'imaginer. Pourtant, l'idée d'une excentricité variable qui en fait la base, et la
manière d'en faire usage, sont formellement prescrites dans le *Sûrya-Siddhânta*, qui va
même jusqu'à en assigner les valeurs extrêmes, tant pour le soleil que pour la lune
et les cinq planètes. Je n'entrerai pas dans plus de détail sur cette vaine hypothèse,
qui est exposée fort au long dans l'*Histoire de l'Astronomie ancienne* de Delambre,
tome I, pages 462 et suivantes. Je me bornerai à montrer la fausseté des résultats,
en comparant les vraies valeurs de l'équation du centre du soleil et de la lune calculées par notre formule (2) pour la moitié orientale de l'orbite, avec celles que leur
assignent les tables indiennes, les mêmes erreurs se reproduisant dans la moitié
occidentale, où le signe seul des équations est changé.

ANOMALIE moyenne DU SOLEIL comptée de l'apogée.	ÉQUATION DU CENTRE.		ERREUR de LA TABLE indienne.	ANOMALIE moyenne DE LA LUNE comptée de l'apogée.	ÉQUATION DU CENTRE.		ERREUR de LA TABLE indienne.
	Calcul exact.	Table indienne.			Calcul exact.	Table indienne.	
0°	0°. 0'. 0"	0°. 0'. 0"	0°. 0'. 0"	0°	0°. 0'. 0"	0°. 0'. 0"	0°. 0'. 0"
15	0.32.36	0.34.24	+0.1.48	15	1.12.23	1.18.53	+0.6.30
30	1.3.13	1.6.2	+0.2.49	30	2.20.56	2.32.2	+0.11.6
45	1.29.55	1.32.58	+0.3.3	45	3.21.49	3.34.39	+0.12.50
60	1.52.37	1.53.25	+0.1.28	60	4.11.21	4.22.29	+0.11.8
75	2.4.52	2.6.12	+0.1.20	75	4.46.2	4.52.35	+0.6.33
90	2.10.32	2.10.32	0	90	5.2.48	5.2.48	0.0.0
90+ 2°.10'38"	2.10.38	2.10.26	—0.0.12	90+ 5°.3'.59"	5.3.59	5.1.38	—0.2.28
90+15	2.7.14	2.6.12	—0.1.2	90+15	5.0.2	4.52.35	—0.7.27
90+30	1.55.15	1.53.25	—0.1.50	90+30	4.34.28	4.22.29	—0.11.59
90+45	1.34.52	1.32.58	—0.1.54	90+45	3.48.37	3.34.39	—0.13.58
90+60	1.7.31	1.6.2	—0.1.29	90+60	2.44.15	2.32.2	—0.12.13
90+75	0.35.6	0.34.24	—0.0.42	90+75	1.25.53	1.18.53	—0.7.0
180	0.0.0	0.0.0	0	180	0.0.0	0.0.0	0.0.0

Ces tables font l'équation du centre nulle à l'apogée et au périgée, comme cela doit être, puisque en ces points, le rayon visuel mené à l'astre coïncide avec le rayon mené du centre. Elles s'accordent aussi avec les formules exactes dans les points intermédiaires où l'anomalie moyenne atteint 90°, parce que ces formules ont été calculées en attribuant aux excentricités les valeurs que nous avons tout à l'heure déduites des équations du centre z_q, assignées dans les tables elles-mêmes pour ce degré de l'anomalie. Mais, hors de ce point de raccordement, que j'ai établi à dessein pour rendre la comparaison légitime, tous les nombres donnés par les tables indiennes sont, non pas occasionnellement mais systématiquement fautifs, étant trop forts dans les quadrants qui confinent à l'apogée, trop faibles dans ceux qui confinent au périgée, par suite de la communauté d'application qu'on leur attribue. Pour la lune surtout ces erreurs sont intolérables, même dans des observations grossières. Le même empirisme étant prescrit dans le *Sûrya-Siddhânta*, pour les planètes, les tables qu'on a pu en déduire doivent être également défectueuses. En présence de tels résultats, il n'est pas croyable que l'auteur de ce livre ait connu l'ouvrage de Ptolémée. Car, s'il l'eût connu, il lui eût été facile de construire des tables exactes sur les données dont il disposait, comme je l'ai fait moi-même dans les tableaux précédents.

Je ne puis me dispenser de mentionner ici une analogie philologique de laquelle on a tiré une induction contraire. Dans les traditions fabuleuses auxquelles les Hindous ont rattaché la composition du *Sûrya-Siddhânta*, il est dit que ce livre, fut divinement révélé à un sage appelé *Asura-Maya*. Or, dans une inscription trouvée à *Kapur-di-Giri*, le nom d'un des Ptolémées, successeurs d'Alexandre, est écrit *Tura-Mayà*. De là on a pensé que le nom presque identique *Asura-Maya* pouvait bien désigner l'astronome grec. Mais la dissemblance complète des doctrines, dans le point le plus important de leur application, me paraît difficile à concilier avec cette conjecture.

QUATRIÈME ARTICLE.

Quand on s'occupe d'astronomie ancienne, on a souvent l'occasion de se demander si la grande composition mathématique de Ptolémée n'a pas été plus nuisible qu'utile à la science astronomique. Il n'est pas aisé de répondre à cette question. Sans doute on doit reconnaître à Ptolémée le mérite, d'avoir, le premier, réduit cette science en corps de doctrine; de l'avoir résumée en une sorte de code où tous les procédés de calcul nécessaires pour déterminer les positions apparentes des corps célestes à un instant donné, sont exposés dans leur ordre de dépendance naturelle, établis mathématiquement, et appropriés d'avance aux applications par des tables numériques qui épargnent à l'astronome les calculs de

détail; en sorte que, pour résoudre chaque problème, il n'a qu'à suivre
la marche prescrite, sans autre soin que de s'y conformer. Ajoutez à cela
d'avoir su mettre en évidence diverses particularités du mouvement de
la lune jusqu'alors ignorées; de les avoir enchâssées habilement avec les
autres dans les hypothèses géométriques antérieurement imaginées, et
d'avoir apporté ainsi une amélioration importante aux tables de ce sa-
tellite. Voilà quelle a été l'œuvre astronomique de Ptolémée. Sa vaste
composition a suffi, pendant près de sept siècles, aux astrologues pour
construire leurs thèmes de nativités, et au commun des astronomes
pour calculer leurs éphémérides, sans qu'on essayât de faire un pas au
delà. Mais cette longue et universelle adoption a causé à la science un
dommage irréparable, en rejetant dans un éternel oubli, et faisant à
jamais disparaître, toutes les observations antérieures que Ptolémée n'a-
vait pas jugées nécessaires à son ouvrage, et qui seraient sans prix aujour-
d'hui pour nous. Et encore ne nous fait-il qu'imparfaitement connaître
la valeur des documents qu'il met en œuvre. Observateur peu habile,
et d'une bonne foi plus que suspecte, dépourvu du sentiment de précision que la pratique donne, il omet toutes les opérations de détail
qui doivent précéder les observations et en assurer la justesse. Il ne
nous explique pas comment ses prédécesseurs et lui-même tracent une
méridienne exacte, ni par quels appareils ils mesurent le temps. Il leur
emprunte leurs déterminations comme autant de faits dont il s'appuie,
sans nous instruire le moins du monde des soins qu'ils ont pris pour les
obtenir. Quand il emploie une méthode d'Hipparque, car il en crée ra-
rement de lui-même, il ne cite que les données particulières au cas
d'application pour lequel il l'expose, passant sous silence tout l'ensemble
du travail, et tous les matériaux que ce grand observateur y avait fait
concourir. Par exemple, pour déterminer l'équation du centre de la
lune et la longitude de son apogée, Hipparque avait employé trois anciennes éclipses de lune, *choisies parmi celles qui avaient été apportées de
Babylone comme y ayant été soigneusement observées,* ἀπὸ τῶν ἐκ Βαβυλῶνος
διακομισθεισῶν, ὡς ἐκεῖ τετηρημένας [1]. C'est Ptolémée lui-même qui nous
donne cette indication d'origine. La collection dont il parle existait
encore de son temps. Car, ailleurs, voulant reprendre un autre calcul
pour lequel Hipparque avait pareillement employé trois éclipses encore
plus anciennes, il dit, en son nom propre, en avoir *pris trois parmi
celles qui ont été soigneusement observées à Babylone,* ὧν τοίνυν εἰλήφαμεν
παλαιῶν τριῶν ἐκλείψεων ἐκ τῶν ἐν Βαβυλῶνι τετηρημένων, ἡ μὲν πρώτη, etc[2].

---

[1] Ptolémée liv. IV, chap. iv, tome I, page 275, éd. Halma. — [2] *Id. ibid.* page 244.

Mais, dans ce trésor, il ne prend que les trois dont il a besoin sans nous faire connaître les autres, sans nous dire un mot de plus des Chaldéens, ni de leurs doctrines, ni de leurs institutions astronomiques, ni des observations qu'ils avaient accumulées pendant tant de siècles. Il ne dit même pas où il a pris le canon chronologique dont il fait un emploi continuel, ce document unique dans l'antiquité, qui, commençant au roi chaldéen Nabonassar, se continue par une succession non interrompue de dates, à travers la série des souverains, assyriens, mèdes, persans, grecs, romains, qui ont possédé l'Égypte, en descendant jusqu'au premier des Antonins. Ptolémée ne le mentionne pas une seule fois, et l'on doit au seul hasard de l'avoir fait retrouver dans des manuscrits détachés. Au fait, ce canon avait été nécessaire à Ptolémée pour composer son ouvrage, il ne l'était pas à ses lecteurs. Pourquoi en aurait-il parlé? Il semble avoir voulu que son livre devînt l'unique mémorial d'astronomie auquel on dût désormais recourir, et fît oublier comme inutile tout ce qui l'avait précédé. Ce fut en effet ce qui arriva, par un ensemble de causes qu'il n'avait pas prévues. Après lui, pendant près de sept siècles, il y eut toujours des astrologues, mais plus d'astronomes observateurs. L'extension du christianisme, les convulsions de l'empire romain, les invasions des barbares, l'explosion de l'islamisme, occupèrent le monde. Enfin, quand la puissance musulmane eut soumis l'Orient, l'astrologie, florissante à la cour des califes de Bagdad, y fit renaître l'étude de l'astronomie, et ce fut dans l'ouvrage de Ptolémée qu'on put l'apprendre. Les documents antérieurs, n'étant plus consultés, se perdirent, et l'on ne s'inquiéta pas d'en sauver les débris. Pourtant, les plus précieux de tous, les ouvrages d'Hipparque, subsistaient encore au IVe siècle de notre ère; car le mathématicien Pappus, dans son commentaire sur Ptolémée encore inédit, cite un traité d'Hipparque comme l'ayant sous les yeux. Peut-être retrouverait-on des fragments de ce grand astronome en compulsant les manuscrits grecs ensevelis dans nos bibliothèques; et ce seraient des trésors pour l'astronomie. Mais le vent de l'érudition ne souffle pas de ce côté-là.

En considérant les règles, à la fois empiriques et défectueuses, que le *Sûrya-Siddhânta* donne pour calculer la principale inégalité des mouvements du soleil, de la lune et des planètes, dans l'hypothèse de l'excentrique, nous y avons trouvé de fortes raisons pour croire que l'auteur de ce livre n'a pas connu, ou mis à profit, l'ouvrage de Ptolémée. M. Whitney, qui a fait une étude complète du traité hindou, est arrivé de son côté à la même conséquence, en y constatant néanmoins l'emploi d'idées grecques, de date plus ancienne. Cela expliquerait pourquoi, dans l'exposition de ces inégalités, l'auteur hindou s'arrête où Ptolémée commence; ne considérant, dans chaque orbite, que la principale, l'équation du centre, la seule qu'Hipparque ait connue, ou, du moins, calculée. La possibilité de ces communications antérieures n'a rien que de conforme aux témoignages de l'histoire. Les conquêtes d'Alexandre avaient ouvert des relations immédiates entre la Grèce et l'Inde. Elles se continuèrent et devinrent plus intimes sous les Séleucides, dont la puissance s'étendit, avec des chances diverses, depuis Babylone jusqu'à l'Indus. Le fondateur de cette dynastie, Séleucus Nicanor, contracta des alliances avec les rois de l'Inde limitrophes de ses possessions; et, après le démembrement des portions orientales de son empire, devenues des satrapies indépendantes, les princes grecs qui les occupèrent entretinrent soigneusement ces rapports, qui ne cessèrent qu'avec l'invasion des Indo-Scythes, moins d'un siècle avant notre ère. Les brames purent donc, pendant ce long intervalle de temps, se procurer les documents astronomiques de la Grèce et de la Chaldée. Car les institutions chaldéennes avaient survécu à cette dernière conquête, comme à toutes les précédentes, puisque Ptolémée cite et emploie deux observations de Mercure faites par les Chaldéens, dans les années 504 et 512 de Nabonassar, au temps où Évergète Ier régnait en Égypte [1]. C'est probablement par cette voie que les Hindous ont pu connaître la précession des équinoxes, qu'ils auraient été incapables par eux-mêmes, non pas seulement de mesurer, mais de soupçonner; et cette communication anticipée, quoiqu'elle leur soit venue mêlée à des absurdités astrologiques, leur a évité de partager la singulière erreur que Ptolémée a commise, dans l'évaluation du phénomène.

Hipparque découvrit la précession de la manière suivante. Il y a dans l'écliptique une belle étoile que l'on appelle l'Épi de la Vierge [2]. Un procédé d'observation indiqué par Ptolémée, et décrit avec détail par Delambre [3], fit connaître à Hipparque que, de son temps, elle était à 6° de distance du point équinoxial d'automne, vers l'occident, de sorte que sa longitude actuelle comptée de l'équinoxe vernal était 180° — 6° ou 174°. Or cent vingt-deux ans auparavant, Timocharis avait trouvé cette même distance égale à 8° dans le même sens, d'où il résultait qu'alors la longitude de l'étoile était seulement de 172°. Ainsi, en supposant les deux observations exemptes d'erreurs, dans l'intervalle de ces cent vingt-deux ans, l'étoile s'était éloignée de l'équinoxe vernal en marchant vers l'occident, ou bien ce point avait

[1] Ptolémée, livre IX, chap. VII, tome II, pages 170 et 171. Éd. de Halma. — [2] *Ibid.* livre VII, chap. II, tome II, page 10. — [3] Édition de Halma, t. II, p. 449, note (*b*).

reculé vers l'orient devant elle, de 2° ou 7200″, ce qui donne pour
marche moyenne 59″ par année. Restait à savoir si cet accroissement
progressif des longitudes était général ou particulier à l'Épi. Pour décider l'alternative, Hipparque répéta la même épreuve sur toutes les
étoiles situées dans l'écliptique ou hors de l'écliptique, dont il put se
procurer des observations antérieures à son temps. Elles s'accordèrent
à lui prouver que la sphère étoilée tout entière a un mouvement de
rotation très-lent autour de l'axe de l'écliptique, dans le sens du mouvement propre du soleil; de sorte que le retour de cet astre à l'équinoxe vernal *précède* son retour aux étoiles de l'écliptique qui s'y étaient
trouvées en coïncidence avec lui, quand il commençait sa révolution
annuelle. De là le mot de *précession des équinoxes* qui exprime ce fait.
La généralité du mouvement indiquait d'ailleurs à Hipparque que ce
sont les points équinoxiaux qui se déplacent, les étoiles restant fixes. Il
ne s'y méprit point. En effet la cause physique de ce déplacement nous est
aujourd'hui connue. Il provient de ce que l'axe de l'équateur terrestre
tourne coniquement autour de l'axe de l'écliptique en accomplissant
une révolution entière dans un intervalle d'environ vingt-six mille ans.

Hipparque mit en œuvre toutes les observations que ses prédécesseurs pouvaient lui fournir pour déterminer la mesure précise de ce
mouvement général. Il n'en trouva pas de plus anciennes que celles de
Timocharis qui lui inspirassent assez de confiance pour être employées.
Toutes les autres lui donnaient moins de 59″, plusieurs 47 ou 46. Ses évaluations de l'année sidérale et de l'année tropique donneraient 46″,807[1].
La théorie de l'attraction nous apprend que la vraie valeur était alors
49″,64. On voit combien cette détermination était délicate et difficile.
Hipparque avait rassemblé tous ses résultats dans un traité intitulé *De la
rétrogradation des points équinoxiaux,* dont Ptolémée ne rapporte que le
titre. Mais dans un autre, *Sur la longueur de l'année,* dont il cite seulement
quelques passages[2], Hipparque déclare occasionnellement que la précession ne peut *certainement pas être supposée moindre de 36″* par année.
Que fait Ptolémée? Par un inconcevable défaut de critique, il adopte justement comme bon ce dernier nombre, ce nombre limite, qu'à ce titre
même il aurait dû rejeter. Bien plus, il prétend l'avoir confirmé par
ses observations propres, et il l'introduit définitivement dans ses calculs,
ce qui affecte d'une commune erreur toutes les déterminations d'Hip-

---

[1] *Journal des Savants,* année 1843, page 610. M. le professeur Sédillot avait fait
avant moi la même remarque; et je me suis empressé de le reconnaître, page 720
dès que j'en ai été averti. — [2] Ptolémée, livre VII, chap. II, tome II, page 13, édit.
Halma.

parque qu'il s'approprie, en les transportant à son temps. Si, comme nous le croyons, les Hindous n'ont pas connu l'ouvrage de Ptolémée, ils n'ont rien perdu à ignorer une pareille erreur.

Je viens de montrer par quel ensemble d'observations, d'inductions, et de calculs mathématiques, Hipparque est parvenu à découvrir le phénomène de la précession, à en établir la théorie générale, et à fixer approximativement sa marche annuelle entre d'étroites limites d'erreur. Tout cela était nécessaire à connaître pour apprécier, avec un sens critique, les idées que les astronomes indiens se sont formées de ce même phénomène, et pour juger s'ils ont pu les acquérir par eux-mêmes, ou s'ils ont dû les emprunter au dehors.

Ces idées sont présentées sous forme de doctrines certaines, dans le *Sûrya-Siddhânta*. Colebrooke et Davis les ont étudiées à fond dans cet ouvrage, en s'aidant du secours des commentateurs pour éclairer les obscurités du texte, et ils se sont généralement accordés, dans l'exposé qu'ils en ont donné[1]. Je les résumerai d'après eux.

Là, comme dans tout le reste du livre, on ne trouve que des énoncés dogmatiques, sans raisonnements ni démonstrations. Il n'y a donc qu'à les reproduire.

Selon le texte, le déplacement du point équinoxial ne consiste pas en un mouvement de rétrogradation continu contre l'ordre des signes, *in antecedentia*. C'est un mouvement oscillatoire, qui porte alternativement ce point de l'ouest vers l'est, puis de l'est vers l'ouest, autour de l'origine du signe *Mesha*, le Bélier, laquelle est marquée par la petite étoile ζ des Poissons. L'amplitude de l'écart dans chacun de ces sens est de 27°, qui sont parcourus en 1800 ans, à raison de 1° $\frac{1}{2}$ en 100 ans ou de 54″ par année. Au temps où le *Sûrya-Siddhânta* fut composé, l'oscillation était dans sa phase rétrograde. Probablement on ne prétendra pas que cette fausse idée ait pu être suggérée à l'auteur hindou par des observations réelles; et la période même de 1800 ans qu'il assigne à chaque demi-oscillation prouve, à son insu, qu'il n'en possédait pas d'une date si ancienne, puisqu'elles lui auraient montré que ce mouvement de libration est imaginaire. Toutefois, en reconnaissant qu'il n'existe pas, le sage Colebrooke trouve que sa seule conception atteste manifestement la haute science et l'originalité d'invention des astronomes hindous. Car voyant, quatre siècles plus tard, la même idée reproduite occasionnellement par Albategni qui ne l'adopte point, et, après

---

[1] Colebrooke, *Essays*, tome II. *On the Equinoxes*, p. 374 et suivantes, particulièrement page 377. — Davis, *Asiatic Researches*, tome II, p. 266 et suivantes.

lui, par quelques astronomes arabes de l'école espagnole qui admettent
le fait de la libration des équinoxes comme vrai, en lui attribuant d'autres
limites d'amplitude et une autre marche[1] : « De là, dit-il, nous pouvons
« conclure en toute assurance que, sur la question de la précession, les
« Hindous avaient une théorie qui, bien qu'erronée *leur était propre*, et
« qui *plus tard* a trouvé des partisans parmi les astronomes occidentaux. »
Colebrooke écrivait ceci en 1816. Mais, malheureusement pour la gloire
des Hindous, Delambre en 1817 publiait[2] l'analyse détaillée d'un
manuscrit des *Tables manuelles* de Théon d'Alexandrie, déjà cité par
Dodwel, où la même idée d'une libration du point équinoxial est mentionnée, comme une opinion reçue et mise en pratique par *les anciens
astrologues, mais désapprouvée par Ptolémée et par lui-même*. Il l'expose dans
un chapitre spécial intitulé περὶ τροπῆς que Delambre a traduit en
entier. Selon cette hypothèse, la demi-amplitude de chaque oscillation
comprend 8° sexagésimaux qui sont parcourus en 640 ans, à raison de
1° en 80 ans, ou de 45″ par année. Ce mouvement avait atteint sa limite
occidentale, *in consequentia*, 128 ans avant l'ère d'Auguste ; de sorte que,
28 ans plus tard, au temps d'Hipparque, le point équinoxial était entré
dans sa phase de rétrogradation, comme ce grand astronome l'a observé.
En partant de ces données, je trouve par un calcul fort simple que le
mouvement oscillatoire ainsi défini devait s'opérer autour d'une petite
étoile de la constellation des Poissons que nous désignons par la lettre
μ dans le catalogue de Ptolémée, où sa longitude la place à 3° ½ vers
l'Occident de l'étoile ζ du même astérisme. Or, dans le *Sûrya-Siddhânta*,
cette étoile ζ est supposée coïncider avec l'équinoxe vernal actuel, et
marquer le commencement du signe *Mesha*, le Bélier, dans lequel μ se
trouvait déjà entrée, et avancée de 3° ½ vers l'occident. Ceci constaté,
supposez, pour un moment, que l'auteur hindou ait pris l'idée du mouvement libratoire du point équinoxial dans les pratiques des astrologues
grecs antérieurs à Ptolémée, dont il a pu très-bien avoir connaissance.
Comme il fait osciller ce point autour de l'origine sidérale de son signe
Mesha, le milieu des amplitudes occidentales et orientales se trouvait
nécessairement transporté par cette nouvelle hypothèse, de l'étoile μ à
l'étoile ζ où il l'a placé : ce qui créait déjà un premier point de dissemblance avec l'hypothèse grecque. Puis, au lieu d'attribuer aux demi-
oscillations 8° d'amplitude, il pouvait aussi bien leur en donner 27, et
les faire décrire en 1800 ans au lieu de 640, avec un mouvement de 54″

---

[1] Colebrooke, *Essays*, tome II, p. 385. — [2] Delambre, *Histoire de l'Astronomie
ancienne*, tome II, p. 625.

par année au lieu de 45, puisque tout cela est de pure imagination ; et alors le plagiat aurait été complétement déguisé, sans beaucoup d'efforts. Je n'affirme pas que les choses se soient passées ainsi, malgré la vraisemblance que j'y trouve ; et j'accorderai, si l'on veut, que la même idée absurde qui était venue à l'esprit des astrologues grecs, ait pu s'offrir sans plus de fondement, à l'auteur du *Sûrya-Siddhânta*. Mais vouloir, avec Colebrooke [1], présenter cette conception de fantaisie comme une doctrine scientifique, conclue d'observations réelles, au moyen desquelles les Hindous, bien avant Hipparque, auraient découvert la précession par eux-mêmes, et l'auraient évaluée plus exactement que lui et les astronomes arabes du moyen âge, c'est se créer une chimère qu'aucune personne instruite des faits ne partagera.

Je viens maintenant à un détail de calcul numérique pour lequel je rendrais volontiers un plein hommage à l'habileté arithmétique des Hindous, si je n'étais retenu par l'impossibilité où je suis de les confronter avec Hipparque, qui avait composé, sur le même sujet, un traité en douze livres, dont Ptolémée ne parle point, quoiqu'il ait dû en faire usage. Mais son existence nous est connue par la mention qui en est faite dans le commentaire de Théon d'Alexandrie. Voici en quoi la chose consiste : Ptolémée, comme tous les géomètres, définit les angles plans par les arcs qu'ils embrassent autour du centre d'une circonférence de cercle, dont le rayon est donné ; et les grandeurs relatives ou absolues de ces arcs se définissent par les cordes qui les soustendent, dans le même cercle, dont le rayon est pris conventionnellement pour unité de longueur. Ptolémée, au chapitre ix du livre I de son ouvrage, expose les théorèmes géométriques par lesquels on évalue ces cordes en parties du rayon, et il donne une table de leurs longueurs toutes calculées de 3o′ en 3o′ de degré, pour l'étendue entière de la demi-circonférence. Tout cela devait très-probablement se trouver dans l'ouvrage d'Hipparque, le créateur de la trigonométrie rectiligne et de la trigonométrie sphérique, puisque c'était précisément pour le même but d'application qu'il l'avait composé. Ptolémée, quand il veut résoudre les problèmes d'astronomie en nombres, emploie toujours les valeurs des cordes ainsi calculées. Mais il est beaucoup plus commode d'y définir les arcs par la demi-corde de l'arc double, laquelle se trouve toujours perpendiculaire au rayon mené à l'origine de l'arc simple. Nous appelons cette perpendiculaire le *sinus* de l'arc ; et, des deux segments formés par elle sur le rayon, celui qui aboutit au centre se

---

[1] Colebrooke, *Essays*, tome II, p. 385.

nomme le *cosinus* de l'arc, celui qui aboutit à la circonférence se nomme le *sinus verse*. On a peine à comprendre pourquoi Ptolémée effectue tous ses calculs astronomiques avec les cordes entières, au lieu d'y employer les demi-cordes, ce qui les aurait considérablement simplifiés; d'autant qu'il a fait exclusivement usage de celles-ci dans la construction graphique, appelée l'*analemme*, qui représente la sphère céleste, avec tous ses cercles, en projection sur un plan. Quoi qu'il en soit, le premier exemple pratique de cette substitution qui nous ait été connu se trouve dans le traité astronomique d'Albategni composé en 880 de notre ère, sauf qu'il donne encore à ses sinus le nom de *cordes*. Mais la même substitution, avec le même nom de *cordes*, *Djyâ; Djîvâ*, se trouve déjà effectuée fort antérieurement dans le *Sûrya-Siddhânta*, qui contient une table de sinus très-exactement calculée de 3°.45′ en 3°.45′ pour tout le quart de la circonférence. Les intermédiaires se prennent par une interpolation proportionnelle. Ils connaissent aussi les cosinus qu'ils appellent *kotidjyâ*, et les sinus verses, qu'ils appellent *utkramadjyâ*, ou encore *ishu* et *çarah*, mots qui signifient *flèche*, parce qu'en effet le sinus verse est la *flèche* de l'arc double. Je tiens ces indications philologiques de M. Regnier. Davis a traduit la table du *Sûrya-Siddhânta* et il l'a insérée dans son remarquable Mémoire au tome II des *Asiatic Researches*, page 248. Delambre en a recalculé tous les nombres par nos formules modernes; et il les a trouvés singulièrement exacts. Alors il a cherché curieusement quels théorèmes de trigonométrie les Hindous avaient dû mettre en œuvre pour les avoir si bien calculés. Mais il est fort possible qu'ils n'aient eu besoin d'en appliquer aucun. Les douze livres du traité d'Hipparque devaient sans doute contenir une table des cordes, puisqu'il avait précisément pour objet d'exposer les méthodes par lesquelles on peut les évaluer. Nous n'avons plus son ouvrage ni sa table, mais nous avons celle de Ptolémée qui ne devait pas différer de la sienne, étant fondée sur les mêmes principes. Elle nous offre donc un équivalent de celle d'Hipparque, que les Hindous avaient pu se procurer avec son ouvrage. Dans ce cas, ils n'ont eu qu'un transport arithmétique à faire pour en déduire leurs sinus. Comme preuve, choisissez à volonté un arc quelconque : doublez-le, et prenez dans la table de Ptolémée, à défaut de celle d'Hipparque, la moitié de la corde qui correspond à ce double. Cette moitié, transformée par une simple proportion, vous donnera le sinus indien, identiquement tel que l'assigne le *Sûrya-Siddhânta*. Je présente ici en note le type général de ce petit calcul, avec des exemples qui en montreront la fidélité [1].

[1] Pour effectuer ce transport il faut connaître les conventions numériques adop-

— 60 —

Ceci, je crois, rend très-problématique la présomption de haute science
que l'on avait attachée à cette table de sinus du *Sûrya-Siddhânta*, et il
resterait tout au plus aux Hindous le mérite d'avoir eu, avant Albategni, l'idée très-simple de substituer les demi-cordes aux cordes entières, si toutefois l'utilité de cette substitution n'avait pas été déjà indiquée par Hipparque, comme on peut le soupçonner en voyant que
Ptolémée l'a occasionnellement employée. Ici encore, par respect pour
les savants laborieux qui nous ont fait connaître les ouvrages Hindous,
je voudrais pouvoir montrer moins de défiance contre l'originalité des
doctrines scientifiques rassemblées dans le *Sûrya-Siddhânta*. Mais, quand
on les y voit présentées, sans démonstrations qui les prouvent, sans
raisonnements qui montrent la voie par laquelle on a pu les inventer,
uniquement comme des vérités tombées du ciel; si, d'ailleurs, on vient à
reconnaître qu'elles ont toutes été établies bien plus anciennement dans
des ouvrages étrangers, dont l'auteur de ce livre a pu avoir communication, il faudrait pousser la crédulité jusqu'à la superstition pour se payer
de l'assurance qu'il nous donne qu'elles lui ont été divinement révélées.
Telle est malheureusement la conclusion générale de l'enquête que je
viens d'entreprendre sur l'astronomie indienne. C'est une mosaïque
faite de matériaux empruntés partout.

tées de part et d'autre. Dans la table de Ptolémée le rayon du cercle est représenté
par 60. Les cordes sont exprimées par les nombres entiers et subdivisions sexagésimales de ces soixantièmes, que contient leur longueur. Dans la table des Hindous, le
rayon est représenté par 3438 minutes sexagésimales, dont la demi-circonférence
contient 18060 ou 10800. Le rapport $\frac{111}{355}$, qu'ils ont pu connaître, donnerait
3437',75. Mais il leur est très-ordinaire de ne prendre que des nombres ronds.

Ces conventions étant admises, soit a un arc donné. Cherchez dans la table de
Ptolémée, la corde de l'arc $2a$, prenez-en la moitié, et convertissez cette moitié en
secondes sexagésimales des parties du rayon. Multipliez-la ensuite par 3438 et
divisez le produit trois fois de suite par 60, ou, ce qui revient au même, prenez-en
le millième, que vous diviserez trois fois de suite par 6. Vous aurez le sinus indien.
Voici des exemples :

a	3°. 45'	15°. 0'	60°. 0'
Corde $2a$	7°. 30'. 54″ $=$ 28254″	31°. 3'. 30″ $=$ 111810	103°. 55'. 23″ $=$ 374123
Moitié	14127	55905	187061,5
Multiplicateur	3438	3438	3438
Produit divisé par 1000	48568,626	192201,390	643117,4370
$\frac{1}{6}$	8094,771	32033,565	107186,2395
$\frac{1}{6}$	1349,1285	5338,9275	17864,37325
$\frac{1}{6}$	224,8547	889,82125	2977,39554
Sinus indien	225,	890,	2978,

Je vais maintenant discuter un fait qui, trop superficiellement étudié, a paru avoir beaucoup plus de portée qu'il n'en a réellement. C'est que la semaine de sept jours se trouve employée pour la numération du temps, avec les mêmes dénominations que la nôtre, sinon explicitement dans le *Sûrya-Siddhânta* lui-même, du moins dans les traités d'astronomie hindous qui en sont dérivés. Ceci, joint à la haute antiquité que l'on attribuait à la science indienne, venait en aide à l'opinion fort répandue parmi les savants du xviiie siècle, que la semaine est une institution commune à tous les peuples du monde et dont l'origine se perd dans la nuit des temps. Elle existait, disait-on, identiquement la même chez les Égyptiens, les Chinois, les Arabes, comme chez les Juifs; et, d'après cette universalité d'adoption, Bailly en faisait une institution primitive de son peuple antédiluvien [1]. Laplace lui-même, acceptant de confiance ces conjectures d'une fausse érudition, en étendait encore les conséquences; et, dans l'exposition du système du monde, il présente la semaine, dans sa relation avec les sept planètes, *comme le monument peut-être le plus ancien et le plus incontestable des connaissances humaines* [2]. L'étude plus approfondie des langues et des coutumes de l'ancien Orient a détruit les arguments sur lesquels on appuyait cette opinion; et je crois l'avoir le premier mise en doute dans mon *Résumé de chronologie astronomique*, aidé en cela par une savante note de M. Alfred Maury [3]. Mais nous n'avions pas insisté particulièrement sur l'emploi de la semaine dans les traités astronomiques des Hindous, ce qui m'oblige à y revenir.

Il faut considérer cette période à deux points de vue distincts : 1° dans son application astrologique ou cabalistique, pour laquelle les sept jours sont révolutivement désignés par le nom du soleil, de la lune et des cinq planètes principales; 2° dans son application aux usages civils ou aux calculs astronomiques, pour la numération du temps. Cette seconde partie de la question étant la plus facile à discuter par les témoignages des monuments et de l'histoire, je m'y arrêterai d'abord.

L'emploi de la semaine comme période chronologique a été, sans aucun doute, très-anciennement établi chez les Hébreux, puisqu'on la trouve mentionnée dans les premières pages de la Bible. Mais, contrairement aux assertions de Bailly, l'archéologie et l'érudition moderne

---

[1] Bailly, *Histoire de l'Astronomie ancienne*, liv. III, § 3, p. 62. — [2] Laplace, *Exposition du système du monde*, liv. I, chap. iii, p. 18, 5e édit. 1824. — [3] *Résumé de chronologie astronomique*, *Mémoires de l'Académie des sciences*, t. XXII, p. 225, § 7 et 8.

n'en ont découvert aucune trace chez les autres peuples anciens de l'Orient et de l'Occident dont les documents originaux ont pu être étudiés.

Nous savons aujourd'hui très-assurément que les Égyptiens des temps pharaoniques divisaient leurs mois en périodes de dix jours, non de sept; les Chinois pareillement, comme mon fils l'a constaté sur leurs livres canoniques mêmes. La supposition contraire n'a été qu'une induction trop éloignée, que l'on tirait des idées superstitieuses qui se sont attachées là, comme presque partout, au nombre sept. Elles n'entraînent nullement l'usage chronologique d'une période hebdomadaire. Elles prouvent seulement, une fois de plus, la disposition commune de l'esprit humain aux mêmes préjugés, dont il y a tant d'autres exemples.

On n'a pas encore assez directement pénétré dans les documents originaux des Assyriens, des Phéniciens, et des anciens Perses, pour avoir des renseignements aussi positifs sur leurs usages chronologiques. Mais toutes les inductions de la critique s'accordent à indiquer qu'ils ne comptaient pas le temps par semaines.

On sait du reste que la semaine n'était pas employée dans les anciens calendriers des Grecs et des Romains. On la voit s'introduire chez ces derniers par l'intermédiaire des traditions bibliques, s'y répandre avec le christianisme, et y devenir d'un usage légal sous les premiers empereurs chrétiens. De là, elle s'est propagée avec le calendrier julien chez les populations assujetties à la puissance romaine, quand elles furent converties au christianisme. C'est ainsi qu'on la voit associée aux années alexandrines fixes chez les Cophtes, à partir de l'ère de Dioclétien; et alors, l'ordre ainsi que les dénominations des sept jours qui la composent s'y trouvent naturellement les mêmes que l'Église chrétienne avait adoptés. Les féries chrétiennes, une fois admises dans l'usage général, fournirent un élément de plus pour désigner les jours; et elles furent citées à ce titre par des astronomes même musulmans. Quand Ebn-Iounis, qui observait au Caire dans le xe siècle de notre ère, mentionne une éclipse de lune qu'il énonce en années de Dioclétien, il ne manque jamais d'y joindre, comme complément de date, le nom de la férie chrétienne qui la comprend. On peut voir dans mon *Résumé de chronologie astronomique,* page 329, quelle était pour lui l'utilité de cette adjonction.

D'après cela, quand nous trouvons la période de sept jours employée pour la supputation du temps, dans des traités astronomiques hindous, qui sont tous postérieurs au ve siècle de l'ère chrétienne, ce n'est pas une raison suffisante pour croire qu'elle est propre et non pas étran-

gère à l'Inde. L'alternative doit donc se résoudre, comme toute autre
question de critique historique, par l'étude des documents nationaux.

D'abord, pour les temps modernes, les jours de la semaine entrent
aujourd'hui dans les calendriers usuels des Hindous, avec le même ordre
de succession qu'ils ont dans le nôtre. Prinsep, à la page 18 de ses
Useful tables, si riches en documents chronologiques, donne la liste de
leurs noms ainsi transportés dans les divers dialectes modernes de
l'Inde, sans y joindre leurs correspondants sanscrits, probablement
comme n'ayant pas cours dans les usages civils. L'*Oriental astronomer* donne
ces noms traduits en tamul, et il montre comment ils doivent être employés dans la confection des éphémérides usuelles. Mais ce sont là des
concordances nécessitées par les rapports actuels des Hindous avec les
Européens, et elles ne prouvent point l'usage primitif de la période
hebdomadaire.

Pour les temps anciens, j'ai eu recours à l'érudition obligeante de
M. Adolphe Regnier. Il m'a déclaré ne connaître aucun document ancien de littérature indienne, où la semaine soit mentionnée comme période chronologique. Mais il ne s'en est pas rapporté à ses propres études.
Il a consulté les écrits des plus célèbres indianistes, et les a trouvés una-
nimes sur ce point. Il en a appelé aux lumières de son savant ami,
M. Max-Muller, qui s'est profondément occupé des antiquités indiennes.
M. Max-Muller lui répond dans le même sens : « Les noms (indiens)
« des jours de la semaine rapportés aux sept planètes sont, dit-il, d'ori-
« gine étrangère. Ils ne se trouvent dans aucun des écrits qui appar-
« tiennent à la littérature ancienne ou védique de l'Inde, même si l'on
« y comprend le *Djyotisha* ou calendrier védique, qui, je crois, dans
« l'état où nous l'avons, remonte au moins à 200 ans avant l'ère chré-
« tienne. Les jours de la semaine ne sont nommés, ni dans Pânini, ni
« dans Manu. Ils ne se rencontrent dans aucun des *Kalpa-Sûtras* qui
« traitent des cérémonies saintes, et dans lesquels les jours (où l'on doit
« les accomplir) sont sans cesse mentionnés. Même dans les *Kalpa-Sûtras*
« des *Jainas*, livre écrit au v° siècle de l'ère chrétienne, les jours ne sont
« pas encore mis en relation avec la période hebdomadaire.

M. Weber, dans un article de ses *Études indiennes* (2, p. 161), où il
parle de l'influence de la Grèce et du christianisme sur l'Inde, dit aussi
comme un fait depuis longtemps reconnu, que la semaine aujourd'hui
en usage chez les Hindous est d'origine étrangère. « La manière propre
« à l'Inde d'énumérer les jours dans les anciens temps, ajoute-t-il, se
« règle sur les deux moitiés du mois : la moitié *claire*, de la nouvelle
« à la pleine lune, et la moitié *obscure*, de la pleine lune à la nouvelle. »

Dans un ouvrage védique, le *Tattirîya-Brâhmana* (III, 1, 1, 1 — 15),
il y a des prières pour chacun des jours de ces deux moitiés. M. Weber
les a traduites dans ses *Études indiennes* (I — p. 190) et il en a publié
le texte sanscrit dans le *Journal pour la connaissance de l'Orient* (t. VIII,
p. 266 — 275). Rien ne s'y rapporte à une période hebdomadaire. Ces
citations, tirées des documents originaux, excluent formellement toute
notion ancienne de la semaine dans l'Inde. Ainsi, quand on la trouve
dans des traités d'astronomie indienne postérieurs au vᵉ siècle de notre
ère, elle a dû y être importée de l'Occident, comme elle l'a été au
ixᵉ et au xᵉ siècle, dans les ouvrages d'Albategni et d'Ebn-Iounis.
C'est aussi, en résumé, l'opinion arrêtée de M. Regnier; et, d'après les
autorités sur lesquelles il l'appuie, indépendamment de la sienne propre,
aucun indianiste n'y contredira.

Je vais maintenant considérer la semaine dans l'application astrologique ou cabalistique pour laquelle on a attaché les noms du soleil, de
la lune et des planètes, aux sept jours qui la composent, en les y asso-
ciant dans l'ordre suivant, que le calendrier chrétien leur a conservé.

1	Dimanche.	Le Soleil.
2	Lundi	La Lune.
3	Mardi	Mars.
4	Mercredi	Mercure.
5	Jeudi.	Jupiter.
6	Vendredi.	Vénus.
7	Samedi.	Saturne.

On ne peut pas raisonnablement supposer que cette consécration de
chaque jour à un des sept astres, dans l'ordre de succession où on les
a rangés, exprime des rapports réels. C'est donc une chimère astrologique ou philosophique. Reste à chercher d'où l'idée en est venue, et
comment elle a pu se propager avec tant de faveur, qu'elle est entrée immédiatement dans les usages de tous les peuples qui en ont eu connaissance, en sorte qu'elle est aujourd'hui presque universellement adoptée.

Le plus ancien auteur qui en ait fait une mention spéciale, si l'on
peut appeler ancien un écrivain du iiiᵉ siècle de notre ère, c'est Dion
Cassius, livre XXXVII, § 18. Il la présente comme étant universellement répandue de son temps, et toutefois d'une invention assez récente,
qu'il attribue aux Égyptiens; par quoi il veut sans doute désigner les
astrologues et les nouveaux philosophes de l'école d'Alexandrie, alors
très-occupés de faire revivre et d'étendre les spéculations abstraites de
Platon et de Pythagore. Car, pour les Égyptiens véritables, nous con-

naissons aujourd'hui parfaitement les noms ainsi que les attributs qu'ils
donnaient aux planètes, et l'on ne trouve rien qui les rallie à la succession des jours, dont chacun avait sa divinité particulière attachée au
rang qu'il occupait dans le mois. On pourrait à la vérité faire remonter
l'invention jusqu'aux Chaldéens; car, ne connaissant rien, ou presque
rien de leurs doctrines astrologiques, on est toujours libre de leur reporter ce que l'on ignore, et l'on ne s'en fait pas faute. Mais, selon
toute vraisemblance, et d'après le sentiment exprimé par Dion Cassius,
il n'y a pas lieu de remonter si haut, et d'autres inductions s'y accordent. L'application superstitieuse des noms du soleil, de la lune et des
planètes, n'avait pas encore cours à Rome, à titre de doctrine, au temps
de Cicéron, puisqu'il n'en fait aucune mention dans ses traités *De divi-
natione*, et *De natura deorum*, où il disserte si amplement sur toutes
sortes d'autres rêveries philosophiques, qu'il appelle *delirantium somnia;*
et celle-là était assez singulière, pour qu'il n'eût pas manqué d'en parler,
s'il l'avait connue. Seulement, comme l'a remarqué le savant mytholo-
giste allemand, M. Jacob Grimm, déjà, sous Octave, le septième jour
des Juifs, supposé de mauvais augure, avait reçu le nom de *Saturni dies*,
Saturne étant réputé par les astrologues un astre malfaisant. C'est ce
que prouve un vers de Tibulle, liv. I, élég. III, où, parmi d'autres pré-
sages fâcheux qu'il a rencontrés, il ajoute :

Saturni aut sacram me timuisse diem [1].

Mais, deux siècles plus tard, Dion présente ces relations superstitieuses comme devenues en quelque sorte nationales chez les Romains,
et il leur assigne deux objets qui achevaient d'en déceler l'origine :
c'était d'exprimer, sous une forme philosophique, les rapports occultes
des parties du temps avec l'ordre des astres qui en règlent la succession ; et encore, de rattacher, dans une même conception mathématique, les harmonies des mouvements célestes aux intervalles harmo-
niques des sons musicaux; deux grands sujets des spéculations imagi-
naires auxquelles se livraient les néopythagoriciens d'Alexandrie [2]. Ce
double mystère se révèle par l'inspection de la figure ci-jointe, que
j'emprunte, un peu enjolivée, à Scaliger (*De emendatione temporum*, liv. I,
page 8), sans que je sache de quelle source il l'a tirée.

---

[1] J'adopte ici la leçon de Vossius, *timuisse*, au lieu de *tenuisse*, qui n'offre aucun
sens. (Voyez Tibulle, éd. de Lemaire, page 35, note 18.) — [2] Voyez, sur ce sujet,
un savant mémoire de M. Vincent, où toutes ces idées sont complétement exposées,
d'après les textes originaux qui les renferment. (*Notices des manuscrits publiés par
l'Académie des inscriptions*, tome XVI, partie II.)

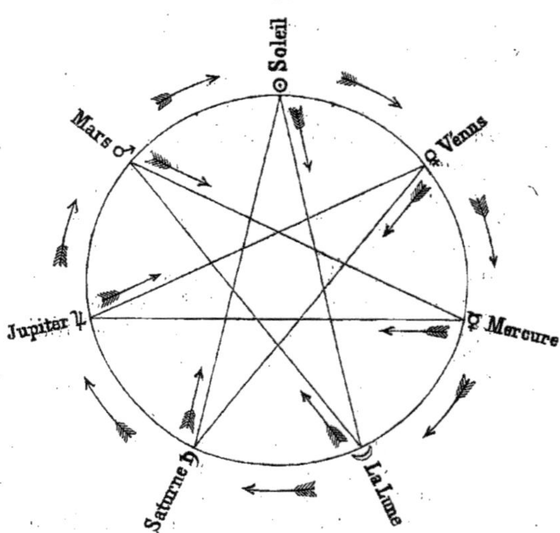

Divisez le contour d'une circonférence de cercle en sept arcs égaux,
représentant les parties de l'heptacorde. Aux points de division placez
les signes du soleil de la lune et des planètes, dans l'ordre ici assigné.
Puis, joignez ces points de quatre en quatre par une suite continue de
cordes, qui les sépareront par des intervalles de quarte. Alors, attribuant le premier jour au signe ☉, suivez continûment à partir de ce
point la série des sept cordes dans le sens de mouvements que les
flèches droites indiquent. Elles vous conduiront successivement, par des
intervalles de quarte, aux astres dont voici les noms : Soleil, Lune,
Mars, Mercure, Jupiter, Vénus, Saturne, lesquels répondent, dans la
semaine, à dimanche, lundi, mardi, mercredi, jeudi, vendredi, samedi,
et s'appelaient au IV⁰ siècle de notre ère, *les dieux des jours*[1].

---

[1] ΠΑΥΛΟΥ ΑΛΕΞΑΝΔΡΕΩΣ ΕΙΣΑΓΩΓΗ. Κεφ. *περὶ τοῦ γνῶναι πόσαι τῶν Θεῶν.*
Cet ouvrage est un manuel d'astrologie qui a été composé en l'an 278 de notre ère,
puisque l'auteur prend pour exemple d'un de ses calculs l'an 94 de Dioclétien dans
lequel il se trouve. Il y expose la manière de déterminer les *dieux* des jours et des
heures, par des procédés numériques moins simples que la construction dont j'ai
fait usage, mais qui conduisent aux mêmes résultats. Le texte grec, accompagné
d'une traduction latine, a été publié pour la première fois en l'an 1586 à Wittem-
berg par Andr. Shato, et le tout a été réimprimé dans la même ville en 1588. La
bibliothèque Sainte-Geneviève possède la première édition, que les conservateurs

De même, pour connaître les *dieux* des heures, comptez 1 pour la
1re du 1er jour de la semaine, laquelle appartiendra ainsi au soleil ; puis,

de cet établissement m'ont obligeamment communiquée. Cet ouvrage a été signalé
par le savant M. Weber comme offrant un intérêt spécial pour l'histoire de l'astronomie indienne, parce qu'il contient beaucoup de mots, tardivement usités dans
la langue grecque, que l'on retrouve transformés en sanscrit dans les traités astronomiques des Hindous, même dans le *Sûrya-Siddhânta*, sans que l'on puisse mé-
connaître leur origine ; ce qui prouve, comme le conclut très-justement M. Weber,
qu'ils ont eu communication de cet ouvrage grec et probablement de beaucoup
d'autres. J'y ai effectivement retrouvé plusieurs des mots que M. Regnier m'avait
indiqués d'après M. Weber, et il a bien voulu compléter ces identifications sur
l'exemplaire que je lui ai transmis, ce qui m'a valu de sa part une note que je
m'empresse d'insérer ici.

NOTE DE M. AD. REGNIER.

On trouve dans les livres d'astronomie et d'astrologie indienne les termes tech-
niques suivants employés par Paulus Alexandrinus. Les Indiens ne les ont pas
traduits, mais simplement transcrits, avec quelques modifications du grec en sanscrit. (Voy. Weber *Indische Skizzen*, p. 96, 97.)

Sanscrit.	Paul d'Alexandrie. (Witebergæ, 1586.)
Kendra	κέντρον. A. 2 ; K. 1, etc.
Liptâ	λεπℓόν (et non λεπℓή, comme dit M. Weber). A. 1 ; C. 4 ; F. 1 ; G. 2, etc.
Sunaphâ	συναφή. H. 1 ; H. 2 ; M. 2, etc.
Durudhara	δορυφορία. D. 2 ; F. 2. (On a transcrit δορυ et tra-duit -φορία.)
Kemadruma (pour *kremaduma*)	χρηματισμός. F. 2.
Veçi	φάσις. F. 1 ; F. 2 ; G. 4.
Ápoklima	ἀπόκλιμα. P. 2 ; L. 3, etc.
Panaphara	ἐπαναφορά. P. 2 ; L. 2 ; M. 1, etc.
Trikona	τρίγωνος. A. 2 ; B. 1 ; E. 1. Q. 2 ; R. 3, etc.
Hibuka	ὑπόγειον. D. 3 ; L. 3, etc.
Djâmitra	διάμετρον. E. 1 ; E. 3 ; G. 3, etc.
Meshûrana	μεσουράνημα. F. 2 ; N. 1 ; N. 2, 3 ; L. 2, etc.
Drikâna	δεκανός. A. 1.

M. Weber ajoute à cette liste 1° *anapha*, mais je ne trouve pas dans Paulus le
correspondant grec ἀναφή ; 2° *dyutam*, qui serait, dit-il, la transcription de δυτον,
que je ne trouve dans aucun dictionnaire grec. Dans Paulus il y a le dérivé δυτικός.

De ces divers mots, on trouve, dans le *Sûrya-Siddhânta*, liptâ[1] et *kendra*, et de
plus *horâ* (Paulus Alex. A. 2 ; T. 1, etc.). M. Weber a omis ce dernier mot dans
sa liste, mais il le signale dans son Catalogue des manuscrits de la Bibliothèque de
Berlin, p. 233.

Il est bien possible que le *Sûrya-Siddhânta*, outre ces trois transcriptions, en contienne encore d'autres qui peuvent aisément m'avoir échappé quand j'ai parcouru
ce poëme, dans une toute autre vue que celle d'y trouver des mots grecs.

comptez successivement 2 , 3 , 4... sur chacune des planètes qui suivent, dans le sens de mouvement marqué par les flèches courbes exté-
rieures. Ce seront les *dieux* de ces heures-là. En opérant ainsi vous
trouverez que les 8°, 15°, 22° vous ramèneront au signe ⊙, et la 24° à
Mercure, qui sera le dieu de cette dernière heure du 1er jour. Alors la
1re du 2e jour appartiendra à la lune; et, en continuant ainsi relati-
vement, vous verrez que la 1re heure de chaque jour appartient constamment à la planète qui préside à ce jour-là.

Tels sont les rapports occultes que la superstition des derniers philosophes d'Alexandrie avait établis entre les planètes, les jours de la
semaine juive, et les heures du jour, peu avant l'époque de Dion Cassius,
rapports qui, de son temps, s'étaient déjà propagés dans toutes les parties
du monde soumises aux Romains. L'Église chrétienne, trouvant ces dénominations païennes des jours devenues d'un usage public et général, se
vit contrainte de les accepter, en changeant seulement la dénomination
du 1er jour de la semaine, *Dies solis*, en *Dies dominica* le jour du Seigneur.
Mais les peuples qui les reçurent des Romains avant d'être convertis au
christianisme, les Germains par exemple, en adoptant le même ordre de
numération des jours, y remplacèrent les noms latins des divinités
planétaires par les noms de leurs dieux dont les attributs se trouvaient y
correspondre [1]. Enfin, lorsque la même division hebdomadaire se fut
introduite dans les traités astronomiques des Hindous, postérieurement
au ive siècle de notre ère, on y remplaça les noms des planètes par
leurs noms indiens, comme on le voit dans tous les calendriers modernes dont Prinsep a donné la liste. Pour le *Sûrya-Siddhânta*, qui ne
remonte pas plus haut que cette date, comme nous l'avons reconnu,
M. Ad. Regnier m'a communiqué un passage où l'emploi de la semaine

---

[1] M. Regnier a bien voulu me remettre, sur ce sujet, une note dont j'extrais ce
qui suit :

Entre les divers dialectes anciens des peuples germaniques, ceux où nous voyons
cette substitution opérée le plus complétement sont : l'ancien frison, l'ancien saxon
(comparez l'anglais), et l'ancienne langue du nord.

Voici la liste des jours de la semaine, dans ces divers idiomes.

Ancienne langue du nord : *Sunnu-dagr* pour jour du soleil; *Mâna-dagr*, de la
lune; *Tyrs-dagr*, *Tys-dagr*, jour du dieu Tys; *Odins-dagr*, jour d'Odin; *Thôrs-dagr*,
de Thor; *Fria-dagr*, *Freyju-dagr*, de Fria; *Laugar-dagr*, le jour du bain. C'est le seul
des sept noms qui ne soit pas mythologique.

Ancien Frison : *Sonna-dei*; *Mona-dei*; *Tys-dei*; *Werns-dei*; *Thunres-dei*; *Frigen-dei*;
Fre-dei; *Sater-dei*, jour de Saturne. Ce dernier est le seul nom romain conservé.

Anglo-saxon : *Sonnan däg*; *Monan däg*; *Tives däg*; *Vôdenes*, *Vôdnes däg*; *Frige däg*;
Thunores däg; *Sœtres däg*; *Sœternes däg*. Voyez Grimm. *Mith. All.* p. 114 et 115.

est formellement indiqué, comme procédé numérique de computation du temps. « Au chapitre 1ᵉʳ, çloka 51, le *Sûrya-Siddhânta* nomme le « soleil, la lune et les planètes, *régents des jours, des mois et des années*. A « quoi il ajoute, que le résidu des jours compris dans un long calcul qu'il « expose, *étant divisé par sept, eut pour premier maître, ou régent, le soleil;* « ce qui, d'après le sens de ce qui précède immédiatement, veut dire « que le premier jour après la création fut le jour du soleil, *dies Solis*, « notre dimanche; et la même désignation de ce premier jour a été « depuis reproduite dans tous les traités postérieurs. » Ainsi, en résumé, là comme partout ailleurs où la semaine de sept jours se trouve employée, elle dérive immédiatement de la semaine romaine ou chrétienne, qui dérive elle-même de la semaine juive; et cette communauté d'origine explique, sans nul effort, la communauté d'application. Mais partout aussi, le préjugé astrologique qui s'y est primitivement attaché s'y est maintenu indélébile; et le penchant universel de l'esprit humain pour ces chimères a été peut-être une des causes les plus puissantes, sinon la plus puissante, qui ait servi à la propager.

Il me reste à attaquer la dernière forteresse de la science astronomique indienne, l'institution des nakshatras. Mais ce n'est qu'un édifice fantastique, image trompeuse de réalités, et le talisman de la critique le fera évanouir.

CINQUIÈME ET DERNIER ARTICLE.

Sur les nakshatras des Hindous.

Il y a une vingtaine d'années, qu'à la suite d'un long travail sur l'ancienne astronomie chinoise, qui a été publié en entier dans le *Journal des Savants*, je fus conduit à reconnaître que les vingt-huit divisions stellaires, appelées par les Hindous *nakshatras*, ou *mansions de la lune*, qui ont été admises par tous les savants européens comme constituant un *zodiaque lunaire* propre à l'Inde, ne sont, en réalité, que les vingt-huit divisions stellaires des anciens astronomes chinois, détournées de leur emploi astronomique, et transportées par les Hindous à des spéculations d'astrologie, qui seraient géométriquement incompa-

tibles avec les inégalités de leurs intervalles, s'ils ne les y adaptaient
tant bien que mal, au moyen de conventions artificielles suffisamment
satisfaisantes pour la crédulité populaire. M'attendant bien à la sur-
prise, je dirais volontiers au scandale, qu'exciterait parmi les savants et
les indianistes, ce renversement d'un préjugé qu'ils avaient universellement accepté, je m'étais appuyé sur des démonstrations et des calculs,
dont l'exactitude et l'évidence me semblaient, me semblent encore
aujourd'hui, incontestables. Mais, de nos jours, les mathématiciens et
les philologues sont deux nations étrangères l'une à l'autre, entre lesquelles il ne se fait guère d'échanges d'idées; et j'ai tout lieu de pré-
sumer que je n'ai persuadé personne. Non pas qu'on ait combattu mes
arguments, ni même qu'on ait cru nécessaire de les discuter : on a, tout
bonnement, rejeté la conclusion, par sentiment. Car le sentiment a
parfois une grande part dans les inductions des philologues. L'un des
plus savants indianistes de notre temps, M. Weber, s'est prononcé sur
ce sujet, de la façon la plus décidée. Dans un passage de ses *Esquisses
indiennes* (*Indische Skizzen,* p. 76) où il cherche à découvrir l'origine
des *mansions lunaires* des Hindous, « l'adoption d'une origine chinoise
« de ces mansions, dit-il, telle que M. Biot l'a soutenue, doit, je pense,
« *être simplement rejetée comme impossible.* On ne peut guère supposer non
« plus que les Babyloniens et les Indiens aient eu chacun de leur côté,
« et d'une manière indépendante, l'idée de cette division toute particulière.
« Il ne reste donc qu'une chose à croire, c'est que les uns ont été les
« maîtres des autres; et c'est à quoi les Babyloniens seuls peuvent pré-
« tendre, vu que nous trouvons déjà les *mansions lunaires* mentionnées
« dans la Bible (II *Reg.* cap. xxiii, v. 5), où l'on ne peut songer à une
« influence, ni indienne, ni chinoise. »

Le livre des Rois qui est le deuxième dans le texte hébreu, est le
quatrième dans la Vulgate. J'ouvre d'abord celle-ci au livre IV, chapitre xxiii. Josias, étant remonté sur le trône de Jérusalem, rétablit le
culte du vrai Dieu, détruit les idoles babyloniennes; et, au verset 5, il
est dit :

« Et delevit aruspices, quos posuerant reges Juda ad sacrificandum in
« excelsis per civitates Juda, et in circuitu Jerusalem : et eos qui adole-
« bant incensum Baal, et soli, et lunæ, et *duodecim signis* et omni militiæ
« cœli. »

M. Renan me donne le mot hébreu qui, dans cette version, est rem-
placé par *duodecim signa :* c'est *mazzalôth.* Saint Jérôme l'a pris comme
désignant les *douze signes,* ou divisions du ciel, que le soleil parcourt
dans l'intervalle d'une année. Le sens général ne répugne pas à cette

interprétation ; d'autant qu'au verset 11 , il est dit que Josias *fit brûler le char du soleil*, et enlever les chevaux qu'on y attelait. Reste à savoir la signification précise de ce mot *mazzalôth;* s'il implique une spécification de nombre, qui serait 12 au sens que lui donne saint Jérôme, et devrait être 28, pour justifier celui que lui attribue M. Weber. M. Renan a bien voulu me rendre le service d'appliquer à cette question sa profonde connaissance de la langue hébraïque, et voici ce qu'il m'écrit :

« Je viens de vérifier les divers emplois du mot *mazzalôth*, probable-
« ment identique à *mazzarôth*, en hébreu. Il ne se trouve que *deux fois*
« dans la Bible; une première au livre des Rois, à l'endroit cité par
« M. Weber; une seconde, au livre de Job, chapitre xxxviii, verset 32.
« Dans le premier de ces deux endroits, et probablement dans le second,
« il désigne les *demeures*, ou les *constellations* diverses que traverse le so-
« leil. Mais, dans aucun de ces deux cas, on ne voit indiqué le *nombre*
« de ces demeures, ou constellations. Toute conjecture sur ce point
« est gratuite, en ce qui concerne les anciens Hébreux. On trouve bien,
« dans la langue rabbinique, le mot *mazzal* employé pour désigner les
« douze signes du zodiaque grec. Mais ce peut être là une application
« moderne. Le mot *mazzal*, en effet, chez les mêmes rabbins, s'applique
« à toute constellation et même aux planètes. »

L'identification du mot hébreu avec les vingt-huit mansions lunaires n'est donc plus, de la part de M. Weber, qu'une affaire de sentiment philologique. Mais qu'on me permette de montrer, par cet exemple, combien la philologie, *toute seule*, est incompétente pour décider que deux systèmes de conceptions géométriques ou astronomiques sont dif-férents ou identiques, d'après l'induction qui se tirerait uniquement de la dénomination commune qu'on leur aurait appliquée. Supposez deux peuples, qui auraient partagé le contour du ciel en un certain nombre de divisions, pour un usage quelconque. Ce nombre est-il le même chez les deux ? Sont-elles, dans chacun, égales en grandeur, ou inégales ? Sont-elles limitées par les mêmes étoiles, ou par des étoiles différentes ? Voilà autant de caractères d'identité ou de différence, qu'il vous faut connaître pour les assimiler sûrement, ou les séparer. Tant de choses peuvent-elles être exprimées par un seul mot, *mazzalôth*, ou tout autre? Ce serait le cas de répondre, comme M. Jourdain au *Bel-mèn* de Cléonte : « Vraiment, c'est une belle langue que l'hébreu ! » Mais on ne juge pas si aisément des conceptions astronomiques. Il y faut plus de façons. Je sais bien qu'on ne peut pas dire à un adversaire, voilà comment vous devez m'attaquer. Ce serait répéter la scène de ce même M. Jourdain quand il fait des armes avec Nicole; et qu'elle, lui por-

tant de rudes bottes, il s'écrie tout en colère : « Tu me pousses en
« tiercé avant de pousser en quarte, et tu n'as pas la patience que je
« pare. » Toutefois, de même que, dans les combats singuliers, il y a des
règles d'honneur dont on ne peut se départir; de même, dans les con-
troverses philosophiques, il y a des règles de logique qu'il faut toujours
observer. Ainsi, dans les considérants de l'arrêt porté contre moi par
M. Weber, je trouverais juste et profitable qu'il m'eût attaqué par des
propositions telles que celles-ci :

1°. M. Biot a mal connu et mal défini les vingt-huit divisions stellaires
des Chinois.

2° M. Biot a mal connu et mal défini les vingt-huit nakshatras des
Hindous.

3° M. Biot a mal comparé ces deux systèmes.

Si M. Weber, ou tout autre indianiste, peut prouver contre moi ces
trois propositions, ou seulement une des trois, je suis battu; jusque-là
je me tiens pour sain et sauf.

Mais ce n'est pas le combat que je réclame. Je ne cherche et n'am-
bitionne que la vérité. Je vais donc, pour la défendre, discuter, le plus
succinctement qu'il me sera possible, les trois propositions précédentes,
en renvoyant, pour les preuves de détail, aux articles du *Journal des
Savants* dans lesquels je me suis attaché à les établir.

Quand j'écrivis ces articles, je n'avais pas d'abord en vue les Hindous.
Je m'étais uniquement proposé de rassembler, dans une exposition mé-
thodique, les procédés d'observation de l'ancienne astronomie chinoise,
ses résultats acquis, et les éléments d'application qu'ils peuvent nous
fournir. Je me trouvais dans des circonstances particulièrement favorables pour remplir cette tâche plus complétement qu'on ne l'avait pu
faire jusqu'alors. Outre les ouvrages déjà publiés sur ce sujet par Gaubil
et par ses collègues de Pékin, j'avais à ma disposition deux mémoires
inédits de ce savant missionnaire, appartenant à la bibliothèque du
bureau des longitudes[1], dont l'un surtout m'a été singulièrement utile,
parce qu'il contient un traité complet d'uranographie chinoise, dans
lequel tous les astérismes du ciel chinois sont soigneusement comparés
à ceux de nos planisphères européens, avec la traduction et la discussion de plusieurs anciens catalogues de ces astérismes, qui sont extraits

---

[1] On peut voir une notice détaillée sur ces manuscrits de Gaubil, dans le *Journal des Savants* pour l'année 1850, p. 302. Elle a été rédigée par mon fils Édouard,
qui malheureusement n'a pas obtenu l'impression de ces précieux documents,
que lui seul aurait été en état de suivre avec les soins et les connaissances spéciales
qu'elle exigerait.

des annales chinoises. Mais ce qui a été pour moi inappréciable, c'est l'assistance que m'ont donnée M. Stanislas Julien et mon fils ; le premier employant, avec une complaisance sans bornes, les lumières de son immense érudition, à chercher et à découvrir les ouvrages chinois qui contenaient les documents originaux dont j'avais besoin ; mon fils s'attachant, avec une affection infatigable, à me les traduire, à m'en interpréter les détails, à m'aider dans mes calculs ; et par tout cela me rendant possible un travail que je n'aurais jamais pu faire sans lui. Je vais extraire de cette longue étude les résultats d'ensemble que j'ai besoin de rappeler, et dont le premier établissement date de vingt-quatre siècles avant notre ère.

Aussi loin que l'on puisse remonter dans leurs livres, on y voit mentionnés, le gnomon à trou [1], les cercles divisés, placés dans le méridien [2], et les horloges d'eau à niveau constant [3]. L'usage de ces instruments fait concevoir qu'ils aient, dès lors, inventé, et depuis, invariablement pratiqué notre méthode moderne, de déterminer les positions apparentes des astres par l'observation de leurs passages au méridien, combinée avec la mesure de leurs distances polaires. Comme l'évaluation des intervalles de temps est d'autant plus difficile et sujette à erreur qu'ils ont plus d'étendue, ils avaient, pour la rendre moins incertaine et plus facile, imaginé un moyen que nous employons nous-mêmes. Ils avaient choisi certaines étoiles, dont le nombre, primitivement de 24, a été porté à 28 par Tcheou-kong 1100 ans avant notre ère ; lesquelles 28 sont réparties d'une manière fort inégale, et en apparence fort bizarre, sur tout le contour du ciel. Ils mesuraient d'abord, aussi exactement qu'il était possible, les intervalles de temps qui s'écoulaient entre les passages successifs de toutes ces étoiles au méridien, de manière à en faire autant de données, sur lesquelles il n'y avait plus à revenir ; puis, quand ils voulaient déterminer la position relative de tout autre astre, mobile ou fixe, dans le sens du mouvement diurne du ciel, ils avaient seulement à observer l'intervalle de temps qui s'écoulait entre son passage au méridien, et celui de l'étoile fondamentale qui s'en trouvait la plus voisine. Aussi expriment-ils toujours les lieux apparents des astres par cet intervalle, converti en arc de l'équateur. C'est exactement ce que nous faisons nous-mêmes aujourd'hui. Seulement, nos étoiles fondamentales sont beaucoup plus nombreuses, et leurs intervalles mieux évalués. Mais la méthode est absolument la même.

[1] *Journal des Savants* pour 1840, p. 27, note. — [2] Gaubil, *Recueil* de Souciet, p. 5 ; *ibid.* p. 25. — [3] *Tcheou-li*, kiv. xxx, § 29 et comm. tome II, p. 201, 202, traduction d'Édouard Biot.

Le nom générique de ces intervalles, dans la langue chinoise, est *sieou*, qui, étant prononcé *so*, signifie au propre *mansion*, *hôtellerie*.[1] Cette dénomination leur convient parfaitement, comme étant les lieux de passage des astres. Or, voyez avec quelle puissance les préjugés scientifiques s'infiltrent dans les meilleurs esprits. Un des savants les plus distingués de notre temps, Ideler, a écrit un ouvrage sur la chronologie chinoise. Il joignait à une grande érudition la pratique courante des calculs astronomiques, sans être lui-même un observateur, et il n'avait sur l'ancienne astronomie des Chinois que les notions vagues qu'il en avait pu prendre dans les livres des missionnaires. En parlant des 28 divisions stellaires, il rapporte leur nom générique, *sieou*, *so*, qu'il interprète assez exactement, *auberge*, mais qui, selon lui, peut également se traduire par le verbe *se reposer*. « D'après cette dernière signification, dit-il, j'ai adopté « le terme de *stations de la lune* pour les désigner. » La lune est amenée ici, comme dans le *mazzalôth* de M. Weber, par une préoccupation d'esprit. Le mot chinois *sieou* n'offre aucun indice qui se rapporte à cette application particulière, et les recherches qu'ont pu faire sur cela M. Stanislas Julien et mon fils ne leur ont fourni aucun texte qui en donnât la preuve ou même le soupçon. L'idée n'en a pu venir à Ideler que par l'analogie qu'il a cru y trouver avec les *mansions lunaires* des Hindous et des Arabes. Ce qu'il y a de singulier, c'est qu'il voit très-bien l'impossibilité d'accorder le mouvement moyen de la lune, qui de sa nature est égal, avec des divisions tellement inégales, que deux presque immédiatement consécutives ont pour amplitude équatoriale : la première 2° 42′, l'autre 30° 24′. Mais cela ne l'éclaire point. Quand un préjugé scientifique a pris pied dans une tête abstraite, il résiste à l'évidence même.

Le trait de ressemblance que je viens de signaler, entre le mode d'observer propre aux Chinois et le nôtre, se suit dans une autre particularité. Une fois que nous avons adopté un certain nombre d'étoiles

___

[1] Gaubil (Souciet, III, p. 80) donne leur nom d'ensemble. Ils ont, dit-il, été appelés de tout temps *Eal-che-pa-sieou*, ce qui, avec une légère variante de prononciation, peut signifier en français, les 28 *constellations*, ou les 28 *hôtelleries*. Le sens un peu vague du premier énoncé, est fixé avec une entière précision par le *Tcheou-li*, kiv. xxvi, fol. 13, à l'article du *Fong-siang-chi*, c'est-à-dire de l'astronome impérial, qui est chargé d'observer *les positions* des 28 *sing*, ou *étoiles* (déterminatrices) 二 十 八 星 ; et, dans ce livre, composé 1100 ans avant l'ère chrétienne, leur application astronomique n'est pas autrement spécifiée, étant sans doute connue de tout le monde par un long usage, comme chez nous les jours de la semaine sont désignés suffisamment par leur nom d'ensemble.

comme fondamentales, pour y rapporter nos observations, nous en
conservons invariablement l'usage, afin d'éviter les indéterminations
d'énoncé qu'un changement y apporterait. Par un motif pareil, fortifié
de leur invincible persistance à conserver les usages anciens, les Chinois
ont toujours employé, et emploient aujourd'hui encore les étoiles fondamentales autrefois adoptées dès l'origine de leur astronomie. J'ai rapporté dans le *Journal des Savants* [1] les preuves historiques et astronomiques de ce fait, qui, d'ailleurs, n'est, je crois, contesté par personne.
Lorsque les jésuites furent admis à la cour de Pékin, ils trouvèrent cet
usage établi, et ils purent identifier sur le ciel même les 28 étoiles qui
limitent les *sieou* chinois. Ils en construisirent, par l'ordre de l'empereur
Cam-hi, un catalogue que nous possédons, où elles sont définies par leurs
longitudes et leurs latitudes, pour l'année 1683 [2]. Ces 28 étoiles nous
étant ainsi connues, j'ai calculé leurs coordonnées équatoriales pour
l'an 2357 avant l'ère chrétienne, époque présumée de l'empereur Yao,
parce que l'astronomie et la tradition s'accordent, comme on le verra
tout à l'heure, pour indiquer que 24 d'entre elles sur les 28 étaient déjà
employées dès ce temps-là au même usage qu'elles ont eu depuis. J'ai
effectué un calcul pareil pour l'an 1800 de notre ère, afin de mettre
en évidence les changements qui se sont opérés dans les directions relatives des cercles de déclinaison, et conséquemment dans les amplitudes
des divisions équatoriales par le déplacement progressif du pôle de l'é-
quateur. Tous ces résultats sont rassemblés dans un tableau qui est inséré au *Journal des Savants* de 1840, page 245. Je vais en extraire un
petit nombre de détails qu'il m'est indispensable de signaler.

La première chose qui frappe, à l'inspection de ce tableau, c'est
l'extrême petitesse de la plupart des étoiles qu'on y voit désignées. Une
seule, α de la Vierge, est de 1re grandeur; quatre, δ d'Orion, α de l'Hydre,
α et β de Pégase sont de 2e, les vingt-trois autres sont de 3e, 4e; une
même, β du Cancer est de 5e ou de 6e grandeur, ce qui en rend la perception à l'œil nu assez difficile. C'est donc un autre motif que leur éclat
qui les a fait choisir. Mais pourquoi les avoir prises sur des cercles de
déclinaison si diversement écartés entre eux, que la division *TSE*, par

---

[1] *Journal des Savants* pour 1840, p. 31 *et passim.* — [2] Souciet, III, p. 79 et 80.
Le même recueil, II p. 178-181, en contient un autre plus détaillé, où les vingt-huit
étoiles déterminatrices sont individuellement identifiées avec leurs dénominations
européennes. Leurs longitudes et latitudes y sont données, jusqu'aux secondes de
degré, pour le 1er janvier de l'année 1700; de sorte qu'il est impossible de ne pas
les reconnaître dans le ciel. Au reste, toutes ces identifications se retrouvent exactement les mêmes, dans le traité d'uranographie chinoise de Gaubil, encore inédit.

exemple, avait seulement, dans l'origine, 2° 42′ 24″ d'amplitude équatoriale, tandis que la division *tsing*, la deuxième après elle, contient 3o° 34′ 32″. Pour les vingt-quatre plus anciennes, on se rend aisément raison de cette apparente bizarrerie. Les traditions et les textes nous apprennent que les anciens Chinois attachaient une grande importance aux passages méridiens des étoiles circompolaires. On observait surtout régulièrement ceux des sept brillantes étoiles de la Grande Ourse pour connaître les heures de la nuit. Or, de toutes les étoiles qui étaient circompolaires en — 2357, c'est-à-dire qui restaient toujours au-dessus de l'horizon chinois, il n'y en a pas une seule qui n'ait une division équatoriale correspondante à ses passages supérieurs et inférieurs au méridien. Réciproquement : si l'on considère les divisions les plus étendues, qui offrent comme de grands vides parmi les autres, on trouve qu'elles sont opposées par couples en ascension droite, et qu'elles répondent à des époques de la révolution diurne pendant lesquelles il ne passait au méridien aucune des étoiles circompolaires que les anciens Chinois observaient spécialement. Toutes ces particularités sont exposées dans les tableaux que j'ai placés à la suite du tableau général. Enfin, si l'on se remet sous les yeux le ciel de cet ancien temps, comme on peut le faire, en ajustant à sa date un globe céleste à pôles mobiles, portant avec lui son équateur et ses cercles de déclinaison variables, on reconnaît que les vingt-quatre anciennes étoiles déterminatrices sont choisies, aussi proche que possible de la position que l'équateur céleste occupait alors, parmi celles qui étaient perceptibles à la simple vue; ce qui les rendait spécialement convenables pour établir des intervalles équatoriaux par la mesure du temps. Quant aux quatre dont l'adoption paraît avoir été plus récente, elles répondent aux deux solstices et aux deux équinoxes observés par Tcheou-kong, frère de l'empereur Vou-vang, 1100 ans avant notre ère. Gaubil n'avait envoyé en Europe qu'une seule de ces observations, celle du solstice d'hiver, sans dire où il l'avait prise. Laplace l'ayant trouvée dans les manuscrits de Gaubil, la calcula par les formules qu'il avait établies dans la *Mécanique céleste*, et il a signalé comme très-surprenante l'extrême justesse qu'elle suppose dans l'évaluation des intervalles de temps. M. Stanislas Julien m'a rendu l'inestimable service d'explorer, page par page, tous les anciens livres chinois d'où Gaubil avait pu tirer cette observation. Il l'a vue mentionnée dans un traité d'astronomie composé en l'an 206 de notre ère par l'astronome Tsai-song, président du tribunal des Historiens sous l'empereur Hien-ti[1]. Il a remis cet ou-

____
[1] M. Stanislas Julien a également retrouvé un fragment très-important de Tcheou-

vrage entre les mains de mon fils; et, par son secours, j'y ai retrouvé les trois autres. Je les ai calculées par les formules de Laplace, et je les ai trouvées non moins précises que celles qu'il avait calculées lui-même. Je me suis souvent représenté le vif plaisir que lui aurait causé la découverte de ces anciens documents, dont lui seul alors comprenait et appréciait l'importance. Je ne sais s'ils ont attiré l'attention de personne depuis vingt ans qu'ils sont publiés.

Je viens d'exposer, dans ce résumé, tout le système de l'ancienne astronomie chinoise. Les preuves historiques et mathématiques sur lesquelles je me fonde sont rapportées en détail dans les articles du *Journal des Savants* pour 1840. Quiconque voudra y recourir verra que cette ancienne astronomie nous est aujourd'hui connue aussi bien que la nôtre, et qu'elle est telle que je la présente. C'est là un premier terme de comparaison qu'il faut nécessairement combattre ou accepter.

Je quitte les *sieou* chinois, et je passe aux *nakshatras* des Hindous. Il faut, avant tout, s'en faire une idée précise; savoir bien en quoi ils consistent, et de quels éléments astronomiques ils sont composés. On trouve tous les renseignements désirables sur ces deux points dans un mémoire de Colebrooke, primitivement inséré, en 1807, au tome IX des *Asiatic Researches*, et qu'il a reproduit en entier trente ans plus tard, au tome II de ses *Essais*, page 321. C'est le fruit de longues recherches, pour lesquelles il avait compulsé les traités d'astronomie originaux, comparé les commentaires, et consulté les pandits qui pouvaient lui donner une intelligence complète des détails astronomiques qu'on y voit indiqués. Ce travail de Colebrooke peut être considéré comme contenant tout ce que les Européens les mieux informés ont pu apprendre de plus certain sur les nakshatras des Hindous. Je le prendrai donc comme un texte sûr, en matière de fait; d'autant que, pour cela, je peux confirmer ses assertions par un document qu'il n'a pas connu. Quant aux conjectures qu'il a émises sur l'origine des nakshâtras, je les lui laisse; me persuadant que les interprétations véritables sortiront des faits mêmes, et ne doivent sortir que de là.

kong dans un ancien dictionnaire chinois appelé *Eul-ya*, antérieur à l'incendie des livres, dont Gaubil l'avait tiré, sans indiquer son origine. M. Julien a remis cet ouvrage à mon fils, qui m'a traduit ce fragment. Et il m'a été d'une utilité extrême, pour présenter dans leur acception véritable les 12 divisions écliptiques des Chinois, qui sont essentiellement différentes des signes grecs, avec lesquels Ideler les a confondues; trompé en cela par la similitude de dénominations que Gaubil leur a données, quoiqu'il connût très-bien leur différence de construction et de valeur géométrique. Sur cette particularité importante de l'astronomie chinoise, voyez le *Journal des Savants* pour 1839, p. 729.

Les nakshatras hindous, considérés dans leur ensemble, présentent un système de division du ciel, tout à fait pareil aux *sieou* chinois. Ils consistent de même en vingt-huit segments, limités par des cercles de déclinaison partant du pôle de l'équateur, et aboutissant à autant d'étoiles déterminatrices, appelées *yoga*. Le *Sûrya-Siddhânta*, et les traités astronomiques qui en sont dérivés, ne désignent pas ces vingt-huit étoiles par des dénominations que nous puissions philologiquement identifier avec leurs analogues, grecques ou arabes. Mais ils les définissent par un genre de coordonnées conventionnelles, appelées longitudes et latitudes *apparentes*, qui suffisent pour les faire retrouver sur le ciel, d'après nos catalogues, quand on sait transformer par le calcul ces indications conventionnelles en longitudes et latitudes *vraies*. J'ai exposé dans le *Journal des Savants* pour 1840, page 268, le principe mathématique de cette transformation, tel qu'il se déduit du procédé prescrit dans le *Sûrya-Siddhânta*[1] pour déterminer par l'observation les coordonnées *apparentes;* et j'ai rendu sensibles, par une figure, leurs relations avec les longitudes et latitudes *vraies*, qui seules nous importent. Les valeurs de ces dernières ainsi obtenues sont identiques avec celles que Colebrooke avait calculées lui-même, et avec celles qu'il rapporte d'après les anciens traités d'astronomie hindous qu'il a consultés. Je remarque à ce sujet, page 270, que le procédé prescrit par l'auteur du *Sûrya-Siddhânta*[1], pour déterminer *par observation* les coordonnées *apparentes*, à l'aide d'une sphère armillaire, est tout à fait insuffisant et impraticable; ce qui donne lieu de soupçonner qu'il les a déduites, par un calcul inverse, des coordonnées *vraies* prises dans les catalogues, en les présentant, pour déguiser leur origine, comme réellement observées.

Colebrooke s'est donné beaucoup de peine pour identifier sur le ciel les 28 étoiles déterminatrices des nakshatras. Il n'a pas voulu les conclure uniquement des latitudes *vraies*, que les auteurs hindous les plus autorisés leur assignent; pensant, avec juste raison, que les petites incertitudes dont ces indications peuvent être affectées pourraient faire prendre l'une pour l'autre des étoiles très-voisines. Il a consulté à ce sujet les pandits réputés les plus habiles, et il les a trouvés peu exercés à la connaissance pratique du ciel; ce qui se comprend fort bien d'une science toute de mémoire, dont les applications peuvent s'effectuer, sans aucun besoin de recourir à l'observation. Les résultats de cette étude qu'il a jugés les plus certains, sont rassemblés au tome II de ses *Essais*, page 322, dans un même tableau, avec les données mathé-

---

[1] Colebrooke, *Essays*, tome II, page 325.

matiques qui s'y rapportent, et que lui avaient fourni les textes sanscrits
originaux. Le tout forme un document très-précieux, qui atteste au plus
haut degré l'érudition, la patience, et la sagacité de son auteur.

Or, les identifications de Colebrooke se trouvent aujourd'hui générale-
lement confirmées, dans toutes leurs particularités les plus importantes,
par un document qu'il n'a pas connu, et qui lui est antérieur de huit
siècles. C'est un fragment du voyageur arabe Albirouni, que M. Munk
m'a fait connaître, et dont il m'a donné la traduction, que j'ai publiée dans
le *Journal des Savants* pour 1845, page 39. Albirouni avait mis beaucoup
d'intérêt à reconnaître dans le ciel les étoiles déterminatrices des nakshatras, ou *mansions de la lune* des Hindous, institution qu'il supposait, par
préjugé national, leur être venue des Arabes. Il trouva déjà, comme
Colebrooke, les pandits très-peu exercés à la connaissance pratique du
ciel. Toutefois, il a rapporté dans son ouvrage la série de ces identifications qui lui ont semblé les plus satisfaisantes; et, grâce à M. Munk,
j'en ai pu former un tableau que j'ai mis en regard de celui de Colebrooke à la page 47 du volume cité, en faisant ressortir les preuves
générales de leur accord.

Mais, avant d'aller plus loin, je dois signaler une cause de perturba-
tion progressive à laquelle sont sujets tous ces systèmes de division du
ciel par des cercles de déclinaison, menés du pôle de l'équateur à des
étoiles invariablement déterminées. A mesure que le mouvement de
précession déplace le pôle, les cercles de déclinaison qui en partent, et
qui sont dirigés aux mêmes étoiles, prennent dans l'espace des positions
absolues et relatives différentes, dont la variabilité altère les grandeurs
des angles compris entre eux, au point de les rendre occasionnellement
tout à fait nuls, pour les rouvrir ensuite dans un sens opposé. De telles
alternatives ont été observées par exemple à la Chine, pour la division TSE, qui a pour déterminatrices les deux étoiles λ et δ d'Orion.
Les cercles de déclinaison menés à ces deux étoiles comprenaient, dès
l'origine, un très-petit angle, 2°. 42. 24″ en — 2357. Ils se sont progres-
sivement rapprochés depuis, et se sont réunis en un seul vers l'an 1210
de notre ère, ce qui a fait évanouir cette division, après quoi elle s'est
rouverte en sens contraire. Les jésuites la trouvèrent dans cet état interverti, en 1683, lorsque l'empereur Cham-hi les chargea de faire un
nouveau catalogue des vingt-huit sieou, et ils voulurent la mettre au rang
d'ordre qu'elle avait atteint. Mais l'empereur leur ordonna de lui conserver son rang ancien, tout en donnant à ses deux étoiles déterminatrices leurs longitudes et latitudes actuelles. Tant le respect du passé a
de puissance dans ce vieux pays, où rien ne se perd !

Un effet tout pareil s'est produit sur le nakshatra *Abhidjit* des Hindous. D'après les positions absolues qu'ont aujourd'hui les deux étoiles τ du Sagittaire et α de la Lyre, qui le limitaient anciennement, je trouve, par un calcul exact, qu'il a dû s'anéantir dans le huitième mois de l'an 972 de notre ère; et, comme Albirouni voyageait dans l'Inde en 1030, sa disparition avait eu lieu cinquante-sept ans avant son arrivée. *Abhidjit* était donc alors interverti, mais n'embrassait qu'un petit nombre de minutes, de sorte qu'il ne l'a pas aperçu dans le ciel; et, comme les Hindous n'en tenaient plus compte, il a cru que son nom avait été fictivement ajouté à la liste ancienne. Cette induction est matériellement erronée. On verra tout à l'heure que ce nakshatra *Abhidjit*, qui n'était pas encore évanoui au temps de Brahmagupta, est mentionné par lui à son rang de liste, mais comme ayant une si petite amplitude, que l'on peut le négliger. En effet, pour l'usage purement astrologique auquel les Hindous emploient leurs nakshatras, il ne leur importait guère qu'il y en eût 28 ou 27; et, depuis l'évanouissement d'*Abhidjit*, ils se sont arrangés de ce dernier nombre tout aussi bien que du premier; trouvant sans doute cela plus commode que de continuer à suivre ce nakshâtra après son inversion, comme les Chinois ont fait plus tard, pour leur sieou *TSE*, quand il s'est évanoui.

Ces définitions générales étant établies, il faut étudier les nakshatras en eux-mêmes, dans les deux caractères que leur donnent les intervalles équatoriaux qu'ils embrassent, et les étoiles déterminatrices qui les limitent. Celles-ci tout d'abord présentent une particularité de choix fort singulière; c'est d'être quelques-unes si petites qu'elles sont difficilement perceptibles à la vue. Telles sont, par exemple, λ d'Orion, λ du Verseau, ζ des Poissons, α de la Mouche, toutes de 4ᵉ grandeur. Beaucoup d'autres sont de 3ᵉ. Pourquoi celles-là préférablement à de plus brillantes? Autre singularité. Les nakshatras ont pour but avoué de désigner les mansions célestes, dans lesquelles la lune est successivement amenée par son mouvement moyen diurne, qui, de sa nature, est égal, et a pour mesure constante $13° 10' 35''$. Or les étoiles qui les limitent sont tellement choisies, que les amplitudes équatoriales comprises entre leurs cercles de déclinaison consécutifs présentent des différences énormes. Je prends comme exemple une de ces divisions, qui a pour limite α du Dauphin et λ du Verseau; et je trouve par le globe, qu'à l'époque où ζ des Poissons occupait l'équinoxe vernal, elle avait $31°$ d'amplitude équatoriale. Mais, passant à la suivante, qui a pour limite λ du Verseau et α de Pégase, je trouve qu'elle comprenait seulement $4° \frac{1}{4}$. Il ne faudrait pas dire que c'est là une erreur du globe, ou que Cole-

brooke s'est peut-être trompé dans le choix des étoiles déterminatrices
qu'il a désignées ; car j'obtiens, à quelques minutes près, les mêmes
résultats, en calculant ces deux intervalles avec les longitudes et latitudes *vraies* de leurs limites, données par le *Siddhânta-S'arvabauma* et
que Colebrooke a rapportées dans les deux dernières lignes de son tableau. Le fait est donc incontestable. Maintenant, par quelle idée est-on
allé choisir des intervalles aussi démesurément inégaux, pour marquer
les phases d'un mouvement égal ? Et, une fois choisis, comment pouvait-
on les y adapter ? A considérer la chose dans sa rigueur, ce raccordement semble géométriquement impraticable. Mais il est devenu très-
aisé pour les Hindous, au moyen de certaines distinctions commodes,
que deux de leurs plus célèbres astronomes vont nous expliquer.

Texte de Varahmihira, rapporté par Albirouni, traduit de l'arabe par M. Munck,
de même que le texte suivant de Brahmagupta.

« Pour les six mansions, dont la première est *Revati* et la dernière
« *Mrigaçiras,* la vue précède le calcul ; et, dans chacune de ces six, la
« lune entre, pour la vue, avant l'époque où elle devrait y entrer par
« computation. Dans les douze suivantes, qui finissent par *Anurâdhâ,*
« l'anticipation est d'une demi-mansion ; en sorte que (la lune) se trouve
« être, à la vue, au milieu de la mansion, tandis que, selon le calcul,
« elle devrait être au commencement. Dans les neuf mansions qui com-
« mencent par *Djyeshthâ* et qui finissent par *Bhâdrapâdâ,* la vue est pos-
« térieure au calcul ; et la lune n'entre, à la vue, dans chacune de ces
« mansions, qu'au moment où, selon le calcul, elle devrait en sortir
« pour entrer dans la suivante. »

En distinguant ainsi les effets réels des effets calculés, et les admettant, au besoin, comme également acceptables, il est clair que l'on
pouvait, sans difficulté, concilier l'égalité du moyen mouvement de la
lune avec l'inégalité des nakshâtras. Mais, pour que cette concession
acquît le caractère d'un principe, il fallait que l'application en fût assu-
jettie à quelque règle émanée d'une autorité compétente. Brahmagupta
va nous la donner.

Texte tiré du dernier livre de Brahmagupta, sur la rectification du *Kandakâlhaka,*
également rapporté par Albirouni.

« La mesure de certaines mansions dépasse de moitié (environ) celle
« du moyen (mouvement) de la lune, pour un jour ; de sorte que cha-
« cune de ces mansions est, en moyenne, de 19°. 45'. 52". 18'''. Ce

11

« sont les six mansions appelées : Rohinî, Punarvasu, Uttara-Phâlgunî,
« Viçâkhâ, Uttara-Ashâdhâ, et Uttara-Bhâdrapâdâ. Leur somme totale
« est 118°. 35′. 13″. 0‴. Six autres sont courtes; et leur mesure
« moyenne est de moitié (environ) plus courte que le moyen mouve-
« ment de la lune; de sorte que chacune de ces mansions comprend,
« (en moyenne) 6°. 35′. 17″. 26‴. Leurs noms sont : Bharanî, Ârdrâ,
« Açleshâ, Swâtî, Djyeshthâ, Çatabhishâ. Leur somme totale est
« 39°. 31′. 44″. 36‴. Quant aux quinze qui restent, chacune d'elles (en
« moyenne) égale (à peu près) le mouvement (moyen) de la lune pour
« un jour. Par conséquent, elles sont (en moyenne) de 13°. 10′. 34″. 52‴;
« et leur somme est 197°. 38′. 43″. 0‴. Le total des trois totaux est
« 355°. 45′. 41″. 24‴. Il reste donc, pour compléter la circonférence,
« 4°. 14′. 18″. 36‴. ce qui a été la part d'*Abhidjit*, que l'on a négligé[1]. »

A l'époque de Brahmagupta, le nakshatra Abhidjit n'était pas encore
évanoui. Mais il était fort restreint; et sa diminution progressive devait
faire très-évidemment prévoir qu'il ne tarderait pas à s'anéantir. En
effet, d'après la connaissance des deux étoiles τ du Sagittaire et α de
la Lyre, qui le limitaient à l'orient et à l'occident, je trouve qu'au commencement du vi° siècle de notre ère, date approximative du *Sûrya-
Siddhânta*, il n'avait déjà plus que 2°. 47′. 16″ d'amplitude équatoriale,
bien moins que Brahmagupta ne lui en concède. On pouvait donc le
négliger sans grand inconvénient dans un calcul astrologique; ou, si
l'on voulait en tenir compte, on pouvait très-bien lui attribuer le peu
qui restait pour compléter la circonférence du ciel, après avoir fictivement égalisé les autres nakshatras par groupes, pour les adapter conventionnellement au mouvement moyen de la lune, qui était inconciliable
avec l'inégalité de leurs amplitudes. Mais la nécessité reconnue de ces
altérations prouve évidemment que les nakshatras étaient originairement inégaux, quand les Hindous se les sont appropriés; et c'est un
bel exemple du charlatanisme de la science indienne que de voir Brahmagupta pousser jusqu'aux soixantièmes de secondes, des évaluations
d'une nature si vague, qu'après avoir compté 28 nakshatras occupant le
contour du ciel, on pût ensuite les réduire à 27, en leur conservant la
même utilité d'application.

---

[1] Je n'oserais pas affirmer qu'Albirouni ait reproduit exactement les noms des
nakshatras, que Brahmagupta distribue dans ses trois catégories. Car plusieurs me
sembleraient ne pas devoir appartenir à celle dans laquelle cet énoncé les range.
Mais ceci n'intéresse en rien notre argumentation, puisque les inégalités d'amplitude des nakshatras se trouvent avouées et prouvées par le fait même de la formation des catégories.

Quand Brahmagupta dit qu'*Abhidjit a été négligé*, il paraît faire allusion au chapitre VIII du *Sûrya-Siddhânta*, dont Colebrooke a tiré les données qu'il rapporte aux lignes 8 et 10 de son tableau, sans en apercevoir, ou du moins sans en signaler l'importance. Je vais suppléer à son silence, en m'appuyant sur la traduction littérale que M. Regnier m'a donnée de ce chapitre VIII.

L'auteur y marque les longitudes et latitudes *apparentes* des 28 nakshatras, en prescrivant à l'astronome de construire une sphère pour les observer[1]. Il commence par les longitudes, qu'il définit par leurs différences successives, à partir de ζ des Poissons. Ces différences sont très-inégales entre elles. L'auteur les rapporte dans l'ordre où elles se suivent sur l'écliptique, sans prendre la peine de mentionner les noms vulgaires des nakshatras auxquels il les applique, et qu'il est facile de suppléer comme l'a fait Colebrooke. Mais il y en a trois consécutifs, qu'il nomme individuellement, pour mentionner une particularité qui les concerne, et qu'il est essentiel de faire remarquer. Pour cela je présente ici les 28 nakshatras, dans leur ordre de liste, en les désignant par leurs noms vulgaires, et j'y marque du signe * les 21ᵉ, 22ᵉ et 23ᵉ, que l'auteur hindou a exceptionnellement nommés.

1	Açwinî.	15	Swâtî.
2	Baranî.	16	Viçakhâ.
3	Critticâ.	17	Anurâdhâ.
4	Rohinî.	18	Djyeshthâ.
5	Mrigaçiras.	19	Mûla.
6	Ârdrâ.	20	Âpya (synonyme de) Pûrvâshâdâ.
7	Punarvasu.	21	Vaiçva (syn. de) Uttara-Shâdâ *.
8	Pushya.	22	Abhîdjit *.
9	Âçleshâ.	23	Çravana *.
10	Maghâ.	24	Dhan'isthâ.
11	Pûrvâ-Phâlgunî.	25	Çatabishâ.
12	Uttarâ-Phâlgunî.	26	Purvâ-Bhâdrapâdâ.
13	Hasta.	27	Uttara-Bhâdrapâdâ.
14	Chitrâ.	28	Revatî.

L'auteur indique assez vaguement l'amplitude écliptique de *Vaiçva*, le 21ᵉ. Puis il ajoute :

La position de Çravana est à la fin de Vaiçva.

En d'autres termes, 23 est à la fin de 21. C'est clairement dire que l'intermédiaire, *Abhidjit*, est nul, ou doit être traité comme tel.

---

[1] C'est le précepte que j'ai déjà rapporté dans mon deuxième article, cahier de mai, pages 283 et 284, en y joignant les détails relatifs à la construction de l'appareil.

C'est ce même précepte que Brahmagupta répète, quoiqu'il s'en écarte pour attribuer au nakshatra *Abhidjit* une amplitude fictive. Au reste, on a renoncé depuis à ces distinctions de groupes, que Brahmagupta avait établies. Aujourd'hui, pour les usages populaires, l'*Oriental Astronomer* n'admet plus que 27 nakshatras, ayant tous une même amplitude équatoriale égale à 13° $\frac{1}{3}$; de sorte que la somme des 27 forme 360° qui embrassent le contour entier du ciel, tout comme les 28 anciens. Mais ces modifications modernes doivent être exclues, lorsqu'on veut remonter aux origines.

Les Arabes admettent pareillement 27 mansions lunaires qu'ils emploient aussi à des usages astrologiques. Mais ils ont choisi des étoiles déterminatrices qui rendent ces divisions assez approximativement égales, pour qu'elles s'adaptent à peu près au mouvement moyen de la lune, et que leurs levers, ainsi que leurs couchers, se succèdent continuellement par des intervalles à peu près égaux de treize ou quatorze jours, comme Ulugbeg le dit, en n'attachant d'ailleurs à cette institution aucune importance astronomique[1]. Je n'entre pas ici dans la question d'origine, je ne mentionne que le fait.

Je viens de décrire les vingt-huit nakshatras hindous dans leur ensemble, en spécifiant, pour chacun d'eux, les étoiles déterminatrices qui le caractérisent individuellement; tout cela, d'après les documents originaux, et les recherches d'érudition, qui peuvent nous en donner la connaissance la plus exacte et la plus complète. Cet exposé forme la seconde partie de la thèse que j'ai à soutenir; et je me crois en droit de demander, comme pour la première, qu'on la combatte, ou qu'on l'accepte.

Maintenant je n'ai plus besoin de parler aux mathématiciens et aux astronomes, je m'adresse à toutes les personnes de bon sens; et je leur propose la question suivante.

Si vous aviez, par hasard, l'occasion de voir un individu scier avec une vrille, ou percer avec une scie, hésiteriez-vous à dire que ces outils n'ont pas été fabriqués pour l'usage auquel il les applique? Non sans doute. Eh bien, de même, quand vous voyez les Hindous rapporter le moyen mouvement diurne de la lune, qui, de sa nature, est égal, à un système de mansions célestes d'inégales grandeurs, tellement inégales qu'on n'y peut ajuster ce mouvement que par des fictions de calcul,

---

[1] Hyde, *Commentaires sur le catalogue d'Ulug-Beg*, Oxford, 1665, page 9. L'énumération des vingt-huit mansions lunaires arabes est donnée dans les pages précédentes, 5-8.

qui rétrécissent idéalement les plus longues, et allongent les plus étroites, vous ne pouvez pas hésiter davantage à dire que l'outil n'a pas été fait pour l'œuvre, et que ce système de divisions stellaires a été originairement imaginé pour une application différente, qui n'exigeait pas leur égalité.

Un autre indice fortifie ce soupçon. Voulant établir dans le ciel vingt-huit mansions lunaires, destinées à être vues de tout le monde, par quel motif serait-on allé choisir pour déterminatrices d'un grand nombre d'entre elles, de toutes petites étoiles, à peine perceptibles, préférablement à de très-brillantes, qui se trouvaient dans les mêmes plages du ciel? cela n'est pas compréhensible. Mais un tel choix devient explicable, si, dans la formation primitive du système, ces petites étoiles présentaient des particularités de position, spécialement adaptées à l'usage qu'en voulaient faire les inventeurs.

Ces défauts d'aptitude que les nakshatras présentent, dans l'application astronomique pour laquelle on les suppose inventés, ne se rencontrent pas dans les sieou, auxquels, depuis un temps immémorial, les Chinois rapportent généralement les positions apparentes des astres. Du reste, comme conception géométrique, les deux systèmes offrent des analogies singulières. Tous deux se composent de vingt-huit divisions équatoriales, embrassant le contour du ciel, et limitées par des cercles de déclinaison partant du pôle de l'équateur, lesquels doivent être invariablement dirigés à autant d'étoiles choisies pour les définir. Enfin, ce qui est bien digne d'être remarqué, plusieurs de ces étoiles déterminatrices sont communes aux sieou et aux nakshatras. Ces aperçus généraux nous apprennent donc qu'il y aura un extrême intérêt à comparer intimement l'ensemble et les détails de ces deux systèmes, pour signaler tous les traits de concordance et de dissemblance qu'ils peuvent offrir. Car ce seront là les indications les plus propres à faire sûrement découvrir s'ils ont une origine commune ou différente; et, dans le premier cas, lequel a donné naissance à l'autre.

Cette épreuve comparative peut s'effectuer, avec autant de facilité que de certitude et d'évidence, au moyen d'un globe céleste à pôles mobiles, qui entraîne avec lui son équateur et ses cercles de déclinaison. Il suffit de porter les deux systèmes sur ce globe, en les y faisant coïncider, par un des cercles de déclinaison pour lesquels l'étoile déterminatrice leur est commune. Car, en amenant le cercle de déclinaison mobile, à partir de là, sur toutes les autres étoiles déterminatrices des deux systèmes, on verra si elles sont les mêmes ou différentes; et, quand on les trouvera différentes, le degré d'importance de ces changements se manifestera par leur étendue équatoriale, qui seule influe sur l'amplitude relative des divisions comparées.

J'ai fait construire, il y a bien des années, pour la Faculté des sciences de Paris, un instrument de ce genre, qui m'a utilement servi dans toutes mes études d'astronomie ancienne; je l'ai employé à celle-ci.

Comme les étoiles déterminatrices des deux systèmes sont invariablement fixées, on peut effectuer la comparaison pour une époque quelconque en amenant le globe à reproduire le ciel de ce temps-là, ce qui est très-facile à faire. Mais, pour le but que nous avons ici en vue, il faut remonter au delà de l'année 972 de notre ère, qui a vu s'évanouir *Abhidjit*, afin que les nakshatras et les sieou se trouvent également au nombre de vingt-huit conformément à leur état ancien. Profitant donc de cette liberté, je choisis une époque très-reculée, qui semble avoir été signalée par commémoration dans un hymne des Védas que Colebrooke a cité avec raison comme très-remarquable[1], parce que les vingt-huit nakshatras y sont nommés dans l'ordre de succession révolutif, que les auteurs hindous leur assignent, mais avec cette particularité, que l'énumération commence par *Kritticâ*, dont la déterminatrice est *η* Pléiade, ce qui semble y placer l'équinoxe vernal; et qu'une expression qualificative, toute spéciale, semble marquer le solstice d'été dans *Maghâ*, dont la déterminatrice est Régulus. Au temps du *Sûrya-Siddhânta* et de Brahmagupta, vers le vi[e] siècle de notre ère, ces deux nakshatras occupaient des rangs fort différents dans la liste générale. *Kritticâ* était le troisième, *Maghâ* le dixième; et l'énumération commençait par *A'çwinî*, ayant pour limite antérieure *ζ* des Poissons, où l'équinoxe vernal se trouvait alors. Le déplacement des rangs relatifs en reporte donc l'application à une autre époque. Colebrooke n'a pas donné le texte de l'hymne où il a remarqué ce changement d'origine; mais M. Regnier a eu l'obligeance d'en faire pour moi la traduction *littérale*, que j'insère ici en note[2]. Le poëte n'y désigne pas les nakshatras par leurs caractères abstraits, comme divisions mathématiques de l'écliptique ou de l'équateur. Ce sont vingt-huit génies, qui occupent le ciel, l'air, les eaux, la terre, et que la lune rencontre successivement dans son cours. Il les invoque comme régulateurs des destinées hu-

---

[1] *Asiatic Researches,* tome VIII, p. 36. *Essays,* tome II, p. 89-90.

[2] NOTE DE M. AD. REGNIER.

Atharva-Véda, XIX, vii.

Merveilleux tous ensemble, brillants au ciel, serpents rapides au firmament, moi,

maines, pour qu'ils lui accordent la nourriture du corps, la force, la vertu, la richesse, et tous les biens matériels, principal objet de cette religion sensuelle de l'Inde. L'ordre dans lequel il les énumère est le seul caractère qui désigne l'époque, réelle ou fictive, à laquelle s'appliquent ses invocations.

Admettant donc que *Krittidá*, le premier qu'il nomme, se trouvait alors à l'équinoxe vernal, je dispose mon globe à pôles mobiles de manière que le point zéro des divisions de l'écliptique coïncide avec η des Pléiades déterminatrice de ce nakshâtra, et je retrouve le ciel de l'empereur Yao, tel qu'il était 2357 années avant notre ère. Car η des Pléiades est aussi la déterminatrice du sieou chinois *Mao*, qui contenait, vers ce temps, l'équinoxe vernal, selon le *Chou-king*. Et, d'après le calcul général des sieou, que j'ai publié dans le *Journal des Savants* de 1840, pour cette époque même, pages 244 et 245, cet équinoxe se trouvait alors presque exactement sur le cercle horaire de η Pléiade, entre le 1ᵉʳ et le 2ᵉ degré de la division *Mao* dont elle est la déterminatrice chinoise; ce qui place le solstice d'été tout près du cercle horaire de Régulus, déterminatrice indienne du nakshatra *Maghá*. Cette concor-

désirant, vingt-huit qu'ils sont, leur amitié[a]. je vénère le ciel, les jours, par mes chants.

Que Krittikâ soit pour moi l'objet d'heureuses invocations, ainsi que Rohiṇî; que Mrigaçiras me soit propice, Ârdrâ fortunée, Punarvaçu aimable, Pushya beau, Âçleshâ lumière, et Maghâ voie[b] pour moi. Que la première Phalgunî et les deux Phalgunîs me soient la chose pure, ainsi que Hasta; que Tchitrâ me soit propice, et Svâti bonheur pour moi; Viçâkhâ richesse; Anurâdhâ objet d'heureuse invocation; Djyeshṭhâ bon nakshâtra; Mûla parfait. Que les premiers Ashâḍbas me procurent la nourriture; que ceux qui sont suivants m'amènent la force. Qu'Abhidjit me procure la vertu même[c]; que Çravaṇa, Çravishṭhâ[d], me fassent les bons aliments; que le grand[e] Çatabhishak m'apporte la chose la meilleure; la double Proshṭhapadâ[f], un bonheur excellent; que Revatî et les Açvayudjs[g] m'amènent la prospérité, et les Bharaṇîs la fortune.

XIX, viii, 1 et 2.

Les nakshatras qui sont dans le ciel, dans l'air, dans les eaux, la terre, qui dans les montagnes, les points cardinaux, tous ceux que la lune parcourt dans son progrès, qu'ils me soient tous propices. Tous les vingt-huit, propices, puissants, qu'ils me donnent en partage le nécessaire (ce qui convient dans chaque circonstance).

[a] Dans le texte, *vingt-huit* est rendu par un adjectif s'accordant avec *amitié* : « leur amitié *vingt-huitaine*, leur amitié de vingt-huit qu'ils sont. » — [b] *Ayana* « voie » signifie, comme terme d'astronomie, « route du soleil, point de conversion du soleil. » — [c] Littéralement « la chose pure. » — [d] *Çravishṭhâ*, synonyme de *Dhanishṭhâ*. — [e] Au lieu de faire rapporter *mahat* « grand, chose grande, » à *Çatabhishak*, on pourrait le considérer comme régime : « m'apporte la chose grande. » — [f] *Proshṭhapadâ*, synonyme de *Bhadrapadâ*. — [g] *Açvayudjs*, synonyme d'*Açvinî*.

dance primordiale des deux systèmes étant établie, j'amène successivement le cercle de déclinaison mobile sur les 28 déterminatrices des
nakshatras hindous, et j'examine sur le globe même leurs rapports de
position avec les déterminatrices chinoises de même rang. J'ai rassemblé tous les résultats de cette comparaison générale dans un tableau
détaillé, que j'ai inséré au *Journal des Savants* de 1840, page 274, et
je le remets sous les yeux du lecteur, comme étant la pièce capitale
du procès. Je n'ai pas même voulu y modifier l'orthographe que j'avais
adoptée d'après les missionnaires et d'après Colebrooke, pour les homophones des noms chinois et sanscrits.

DÉSIGNATION des DIVISIONS CORRESPONDANTES.[1]		NOMS des ÉTOILES DÉTERMINATRICES		EXCÈS D'ASCENSION droite des étoiles indiennes en — 2357.	
chinoises.	indiennes.	chinoises.	indiennes.		
MAO.	Critticá.	η Pléiade, 3e grandeur.	η Pléiade, 3e.	nul.	Équinoxe vernal.
PI.	Róhiní.	ε Taureau, 3e-4e.	α Taureau (Aldebaran), 1re.	+ 2°.	Étoiles voisines. ε de 3e-4e gr; α 1re grandr.
TSE.	Mrigáçiras.	λ Orion, 4e.	λ Orion, 4e.	nul.	
TSAN.	A'rdrá.	δ Orion, 2e.	α Orion, 1re.	+ 3° 20'.	α préférable, à cause de la petitesse de la station chinoise.
TSING.	Punarvasu.	μ Gémeaux, 3e.	β Gémeaux, 2e-3e.	+ 17°.	Étoiles très-distantes. Changement intentionnel.
KOUEY.	Pushya.	θ Cancer, 4e.	δ Cancer, 4e.	+ 3°.	Étoiles très-voisines. θ de 5e-6e grandr; δ de 4e grandr.
LIEOU.	A'sléshá.	δ Hydre, 4e.	α1 α2 Cancer, 4e.	+ 2°.	Toutes deux de 4e grandr; peu distantes; α1 plus voisine de l'écliptique.
SING.	Mag'há.	α Hydre, 2e.	α Lion (Régulus), 1re.	insensible.	α Hydre 2e grandr sur l'ancien équateur; Régulus 1re gr sur l'éclipt. L'une et l'autre marquant le solstice d'été.
TCHANG.	Phálghuní P.	39 ν1 Hydre.	δ Lion, 2e, 3e.	+ 9° 30'.	Étoiles très-distantes en déclinaison. Changement intentionnel.
Y.	Phálguní U.ν	α Hydre et Coupe, 3e-4e.	β Lion, 2e.	+ 4° 30'.	Étoiles très-distantes en déclinaison.
TCHIN.	Hasta.	γ Corbeau, 3e.	γ Corbeau, 3e.	nul.	
KIO.	Chitrá.	α Vierge (l'Épi), 1re.	α Vierge (l'Épi), 1re.	nul.	
KANG.	Swátí.	ϰ Vierge, 4e.	α Bouvier (Arcturus), 1re.	+ 2° 30'.	ϰ Vierge 4e grandr; Arcturus 1re grandr.
TI.	Vísác'há.	α2 Balance australe, 2e-3e.	α2 Balance australe, 2e-3e.	nul.	
FANG.	Anurádja.	π Scorpion, 4e.	δ Scorpion, 3e.	+ 1° 20'.	π Scorpion 4e grandr, δ Scorp. 3e grandr; très-voisines; marquant l'une et l'autre l'équinoxe automnal, mais π plus exactement que δ.
SIN.	Jyésht'há.	σ Scorpion, 3e-4e.	α Scorpion (Antarès), 1re.	+ 1° 20'.	Antarès 1re grandr; σ 3e-4e grandr.
OUEY.	Múla.	μ2 Scorpion, 4e.	ν ou υ Scorpion, 4e.	+ 9° 30'.	Étoiles de la même serre. L'astérisme hindou comprd μ2.
KY.	A'shad'ha P.	γ2 Sagittaire, 3e.	δ Sagittaire, 3e.	+ 4°.	Étoiles voisines; toutes deux de 3e grandeur.
TEOU.	A'shád'a U.	φ Sagittaire, 4e.	τ Sagittaire, 4e.	+ 4°.	Étoiles voisines; toutes deux de 4e grandeur.
NIEOU.	Abhidjit.	β Capricorne, 3e.	α Lyre, 1re.	insensible.	ε Capricorne 3e grandr; α Lyre 1re grandeur.
NU.	S'ravana.	ε Verseau, 4e.	α Aigle, 1re.	— 6°.	α Aigle 1re grandr; ε Verseau 4e grandr. Étoiles distantes en déclinaison. Chang int.
HIU.	D'hanist'há.	β Verseau, 3e.	α Dauphin, 3e.	— 4°.	Étoiles distantes en déclinaison.
GOEY.	Sátabhishá.	α Verseau, 3e.	λ Verseau, 4e.	+ 9°.	Étoiles distantes. λ sur l'écliptique. Changement intent.
TCHE.	Bhádrapada P.	α Pégase, 2e.	α Pégase, 2e.	nul.	
PY.	Bhádrapada U.	γ Pégase, 2e.	α Andromède, 2e-3e.	+ 1° 30'.	
KOEY.	Révátí.	ζ Andromède, 4e.	ζ Poissons, 4e.	+ 5°.	ζ Andromède loin de l'éclipt.; ζ Poissons sur l'écliptique. Changement intentionnel.
LEOU.	Aswiní.	β Bélier, 3e.	α Bélier, 3e.	+ 3°.	Étoiles voisines. Colebrooke hésite entre α et β.
OEY.	Bharání.	α Mouche et Lis, 4e.	α Mouche et Lis, 4e.	nul.	

[1] Lorsque deux nakshatras indiens consécutifs ont le même nom, la lettre P, annexée au premier, signifie *prior*, c'est-à-dire qu'il passe le premier au méridien, et la lettre U, ajoutée au suivant, signifie *ulterior*, parce qu'il arrive le second au méridien. Cette identité de nom, ou plutôt de caractère, n'a pas lieu pour les divisions chinoises, quoiqu'elle semble exister quand on traduit les caractères en syllabes toniques européennes. Mais j'ai évité cette confusion en variant l'orthographe des mots analogues.

Il y a d'abord *sept* étoiles déterminatrices sur 28 qui sont absolument identiques, tant pour le choix qu'on en a fait, que pour le rang d'ordre qui leur est attribué dans les deux listes. Et cette double identité n'est pas explicable par des circonstances très-apparentes, d'éclat ou de configuration, qui sont propres à certains groupes célestes, comme on pourrait le dire, par exemple, des sept étoiles de la Grande Ourse, que presque tous les peuples ont réunies dans un même astérisme. Ici la communauté d'adoption s'applique aussi à de très-petites étoiles, comme γ du Corbeau, λ d'Orion, α de la Mouche, qui sont de 3ᵉ ou de 4ᵉ grandeur. On en voit ensuite *huit* autres, qui, sans être absolument identiques, sont extrêmement voisines. Pour quatre de celles-ci, les 6ᵉ, 7ᵉ, 15ᵉ et 18ᵉ de la liste, les déterminatrices sont si petites, étant de 4ᵉ ou de 5ᵉ grandeur, une seulement de 3ᵉ, que la distinction n'a pu être faite entre elles par Colebrooke avec une entière certitude. Pour une 5ᵉ, qui est la 27ᵉ de la liste, il hésite entre α et β du Bélier; la déterminatrice chinoise est β. Dans les trois autres, le système hindou préfère α du Taureau, Aldebaran, à ε du Taureau; α d'Orion à δ d'Orion, α du Scorpion, Antarès, à σ du Scorpion, c'est-à-dire *trois* étoiles de 1ʳᵉ grandeur à *trois* autres très-voisines, et bien moins brillantes; si, toutefois, la supériorité de l'éclat, jointe à la proximité, n'a pas influé sur le choix de Colebrooke ou des pandits. Une substitution analogue, amenée par des motifs pareils, a lieu dans les 8ᵉ, 13ᵉ et 20ᵉ divisions. Régulus remplace α de l'Hydre des Chinois, Arcturus remplace κ de la Vierge, α de la Lyre, β du Capricorne. Mais ce qui est une circonstance bien remarquable, dans ces trois cas, l'étoile brillante substituée est prise, autant qu'il est possible, sur le même cercle horaire ancien, ce qui, pour le moment, conserve à la division la même amplitude équatoriale, en l'exposant toutefois à éprouver dans l'avenir une altération rapide, si l'étoile substituée étant beaucoup rapprochée du pôle, son cercle de déclinaison se déplace très-rapidement. C'est précisément ce qui est arrivé au nakshatra *Abhidjit*, par la substitution d'α de la Lyre à β du Capricorne, et voilà pourquoi il s'est évanoui dès l'année 972, tandis que le sieou chinois correspondant, qui avait conservé sa déterminatrice β, s'est maintenu presque sans altération jusqu'aujourd'hui. Je supprime d'autres détails qui sont exposés dans le *Journal des Savants* pour 1840, et je me bornerai ici à faire remarquer que, dans les cas rares où les étoiles déterminatrices sont distinctement différentes, on reconnaît dans le système indien l'intention manifeste de s'écarter très-peu des stations chinoises correspondantes, et de revenir bientôt les rejoindre exactement, comme un copiste qui voudrait s'approprier le tableau d'un maître.

La comparaison que nous venons d'effectuer, pour le temps d'Yao, ne suppose nullement que les nakshatras hindous fussent dès lors en usage. Nous aurions pu aussi bien l'établir pour toute autre époque, en plaçant à l'équinoxe vernal, ou plus généralement sur le cercle horaire de cet équinoxe, une quelconque des étoiles déterminatrices qui sont communes aux deux systèmes. Nous aurions découvert entre eux les mêmes rapports généraux, avec des différences d'amplitudes équatoriales plus ou moins sensibles entre les divisions de même rang, qui ont des déterminatrices différentes inégalement distantes du pôle, comme nous avons reconnu, par exemple, qu'au xe siècle de notre ère le mouvement du cercle horaire d'α de la Lyre, a fait évanouir le nakshatra *Abhidjit*, tandis que la division chinoise de même rang n'a presque pas varié. Si j'ai établi la comparaison pour l'époque reculée où η Pléiade se trouvait à l'équinoxe vernal, c'est uniquement parce que l'hymne des Védas, cité par Colebrooke semblait assigner cette place au nakshatra dont elle est la déterminatrice, en le nommant le premier. Mais il ne faudrait pas du tout en conclure qu'elle a été composée à cette date. Car, dans tous les siècles postérieurs, les astronomes chinois se sont unanimement accordés pour établir qu'au temps de l'empereur Yao, l'équinoxe vernal était dans le sieou *Mao*, dont η Pléiade est la déterminatrice; de sorte que, si le poëte hindou a connu cette croyance populaire, comme η Pléiade est aussi la déterminatrice du nakshatra *Kritticá*, il a pu très-naturellement mettre celui-ci au premier rang de sa liste pour donner à son hymne un vernis de haute antiquité. Et cette seule possibilité rend la date de sa composition entièrement incertaine.

Maintenant, de ces deux systèmes qui ont entre eux tant de ressemblance, lequel est l'original, lequel la copie? Le simple bon sens dicte la réponse. Les sieou chinois ont été employés depuis un temps immémorial à des usages astronomiques auxquels ils sont parfaitement appropriés. Les nakshâtras, qui s'assimilent à eux par le rang, le nombre, l'identité ou la correspondance des étoiles déterminatrices, et l'inégalité des amplitudes, sont, par ce dernier caractère, absolument impropres à l'usage auquel on les applique. Ainsi, à proprement parler, les Hindous vous présentent une vrille dont ils ont voulu faire une scie, ou une scie dont ils ont voulu faire une vrille. Reconnaissez donc l'emprunt à la maladresse de l'application, et reportez l'invention de l'instrument à ceux qui savent s'en servir, c'est-à-dire aux Chinois, comme je l'avais avancé. Car, si l'on voulait en faire honneur aux Hindous, autant vaudrait dire que les fellahs de l'Égypte, qui bâtissent leurs huttes de boue sur les plates-formes des temples pharaoniques, ont érigé ces monuments pour en faire un tel usage.

Ceci forme la troisième et dernière partie de mon plaidoyer philosophique. Je la soumets comme les deux premières à l'examen des indianistes, en demandant de leur équité, qu'ils la combattent ou qu'ils l'acceptent. S'ils reconnaissent que j'ai découvert la vérité, je ne regretterai ni le temps, ni la peine que j'ai dû employer pour l'établir et la défendre.

P. S. Dans les articles que j'ai insérés au volume du *Journal des Savants* pour 1840, page 277, et dans celui de 1843, page 42, j'ai comparé le système des mansions lunaires des Arabes avec les nakshâtras hindous et les sieou chinois. Mais la dérivation me paraît tellement évidente, que je n'ai pas jugé nécessaire d'en reproduire ici les preuves, pour ne pas allonger démesurément ce dernier article, déjà trop étendu.

COURTE ADDITION
AUX ARTICLES RELATIFS À L'ASTRONOMIE INDIENNE.

Depuis la publication de mon dernier article, de savants confrères m'ont fait connaître deux anciens documents originaux, que je demande la permission d'y ajouter, parce qu'ils offrent la confirmation inespérée des vues que j'avais émises.

Le premier, et le plus important, m'a été fourni par M. Stanislas Julien. M'entretenant ces jours derniers avec lui de la discussion que je venais de reprendre sur l'origine chinoise des nakshatras Hindous, il m'apprit que le grand dictionnaire bouddhique intitulé *Mahâvyutpatti*, dont il possède depuis peu un exemplaire, contenait, au § 160, un tableau bilingue, chinois et sanscrit, dans lequel les 28 *sieou* chinois sont présentés en concordance avec les 28 nakshatras, et il me demanda si je serais curieux de le voir. Ayant répondu avec empresse-

ment à cette proposition, M. Stanislas Julien, m'adressa, dès le lende-
main, une copie littérale de ce document, accompagnée de la note
préliminaire que je vais transcrire.

« Le dictionnaire *Mahâvyutpatti*, sanscrit et thibétain, passe pour avoir
« été composé vers le vii° siècle de notre ère, par des pandits indiens
« et des *lotsavas* (interprètes) thibétains. On ignore à quelle époque
« ont été ajoutées les traductions chinoise et mongole que contient le
« manuscrit 25,147 de l'Université de Saint-Pétersbourg, d'après lequel
« a été copié l'exemplaire tétraglotte que je possède. »

« Paris, le 3 septembre 1859.

« Signé STANISLAS JULIEN. »

Voici maintenant le tableau de concordance que M. Julien a copié
sur l'original, en y joignant la traduction des noms chinois et sanscrits
dans leurs homophones français, sans avoir voulu prendre préalable-
ment connaissance de celui que je venais d'insérer au cahier d'août,
afin d'assurer à ses interprétations une complète indépendance. M. Julien, ayant suivi scrupuleusement le *Mahâvyutpatti*, a été obligé de modifier quelques-uns des noms que j'avais écrits avec l'orthographe des
missionnaires ou de Colebrooke, mais cela ne change rien aux désignations.

EUL-CHI-PA-SIEOU.	*ACHṬAVIÑÇATI NAKCHATRÂS.*
二十八宿	अष्टविंशति नक्षत्रास
Les 28 sieou.	Les 28 nakchatrâs.
1 Mao 昴	1 Karttikâ कृत्तिका (ms. B. Kṛïttikâḥ कृत्तिका:)
2 Pi 畢	2 Rôhiṇî रोहिणी
3 Tse 觜	3 Mrïgaçirâḥ मृगशिरा: (ms. B. Mrïgasi-râḥ मृगसिरा:)
4 Sen 參	4 Ârdrâ आर्द्रा
5 Tsing 井	5 Pounarvasouḥ पुनर्वसु:

6	Koueï	鬼		6	Pouchyaḥ	पुष्य:
7	Lieou	柳		7	Açlâchâ	अश्लेषा
8	Sing	星		8	Maghâḥ	मघा:
9	Tchang	張		9	Poûrvaphâlgounî	पूर्वफाल्गुणी
10	I	翼		10	Outtaraphâlgounî	उत्तरफाल्गुनी
11	Tchin	軫		11	Hastâ	हस्ता
12	Kio	角		12	Tchitrâ	चित्रा
13	Kang	亢		13	Svâti	स्वाती
14	Ti	氐		14	Viçâkhâḥ	विशाखा:
15	Fang	房		15	Anourâdhâ	अनुराधा
16	Sin	心		16	Djyêchṭhâ	ज्येष्ठा
17	Weï	尾		17	Moûlam	मुलं
18	Ki	箕		18	Poûrvâchâḍhâ	पूर्वाषाढा
19	Teou	斗		19	Outtarâchâḍhâ	उत्तराषाढा
20	Nieou	牛		20	Abhidjit	अभिजित्
21	Niu	女		21	Çravaṇaḥ	श्रवण:
22	Hiu	虛		22	Dhanichthâ	धनिष्ठा
23	Weï	危		23	Çatabhichâḥ	शतभिषा:
24	Chi	室		24	Poûrvabhadrapadâ	पूर्वभद्रपदा
25	Pi	壁		25	Outtarabhadrapadâ	उत्तरभद्रपदा
26	Koueï	奎		26	Rêvatî	रेवती
27	Leou	婁		27	Açvinîḥ	अश्विनी:
28	Weï	胃		28	Bharaṇîḥ	भरणी:

Or ce tableau composé en Chine, il y a je ne sais combien de siècles,
se trouve absolument identique à celui que j'ai publié il y a vingt ans

dans le *Journal des Savants*, et que je viens de reproduire dans mon dernier article. L'identité n'existe pas seulement dans les concordances; elle a lieu aussi pour l'ordre d'énumération qui commence également par le sieou *Mao* et le nakshatra *Krittikâ* placés tous deux à l'équinoxe vernal. Seulement le rédacteur du tableau chinois, ne faisant probablement que mentionner des concordances admises par tous les astronomes de son pays, n'a pas cru nécessaire de les justifier par l'identité des étoiles qui limitent les divisions mises en correspondance, au lieu que j'ai été obligé de les établir sur ce fondement assuré. L'auteur chinois n'aborde pas non plus la question d'antériorité de l'un ou de l'autre système, qui peut-être aurait paru fort incongrue à la Chine, où l'on devait parfaitement connaître les altérations que les Hindous faisaient subir aux sieou pour s'en servir. Mais nous autres Européens qui les connaissons aujourd'hui, le simple bon sens nous y fait découvrir la preuve d'un emploi postérieur dans les nakshatras de l'Inde. Car, pour conclure autrement, il faudrait supposer qu'un peuple, les Hindous, ont imaginé par eux-mêmes, un système de divisions stellaires du ciel, bizarrement composé de très-grandes et de très-petites, dont ils ne pouvaient faire usage qu'en raccourcissant les unes, allongeant les autres, et violant ainsi toutes leurs conditions fondamentales; tandis que chez un peuple voisin, les Chinois, depuis un temps immémorial, le même système inaltéré servait de cadre à un vaste ensemble d'observations astronomiques, avec une telle propriété d'application, que les inégalités, en apparence bizarres, des divisions qui le composaient, y trouvaient leur justification et leur emploi précis. La question d'origine ainsi présentée, me semble décidée par son énoncé même, et je ne crois plus avoir besoin d'y revenir.

Le second document que je veux mentionner, m'a été fourni par M. Ad. Regnier. Il est extrait du chapitre XII du *Sûrya-Siddhânta*, et il offre un curieux exemple du charlatanisme d'appropriation, qui est le fondement de la science indienne. Au çloka 31, l'auteur énumère les planètes, y compris le soleil et la lune, dans l'ordre qui suit :

Saturne, Jupiter, Mars, le Soleil, Vénus, Mercure, la Lune.

Puis, à quelque distance de là, au çloka 78, il ajoute littéralement :

De Saturne, au-dessous, que les quatrièmes soient, par ordre, les régents des jours.

Ceci n'est autre chose que la règle donnée par Dion Cassius, et reproduite par Paulus Alexandrinus, pour trouver les noms des planètes qui président aux divers jours de la semaine. Seulement elle est appliquée dans un ordre inverse; ce qui déguise l'origine romaine d'où elle est tirée.

Pour s'en convaincre, il suffit de jeter les yeux sur la figure que j'ai insérée dans mon article de juillet, page 66. Prenez-y la liste des planètes à *commencer par Saturne,* en suivant les flèches courbes tracées autour de la circonférence, vous aurez l'ordre d'énumération adopté dans le çloka 31,

Saturne, Jupiter, Mars, le Soleil, Vénus, Mercure, la Lune.

Partez alors de Saturne, et marchez *en dessous* comme le prescrit l'auteur, en suivant les cordes tracées dans l'intérieur de la circonférence. *A chaque quatrième,* comme il le dit encore, vous trouverez successivement, pour *régents des jours :*

Saturne, Vénus, Jupiter, Mercure, Mars, la Lune, le Soleil,

Ce qui répond à

Samedi, Vendredi, Jeudi, Mercredi, Mardi, Lundi, Dimanche.

C'est-à-dire, la règle romaine intervertie, pour déguiser le plagiat. Au reste, toute l'astronomie des brames est de pareille étoffe, et comment auraient-ils pu s'en faire une par eux-mêmes, n'ayant ni instruments exacts, ni observations précises, ni chronologie continue? Je suppose qu'ils ont dû bien se moquer intérieurement des savants européens, quand ils les ont vus étudier profondément, et accepter comme antiques, des doctrines qui venaient d'eux ou des Chinois. Et moi-même qui parle ici, suis-je plus raisonnable d'avoir perdu tant de temps à les démasquer ?

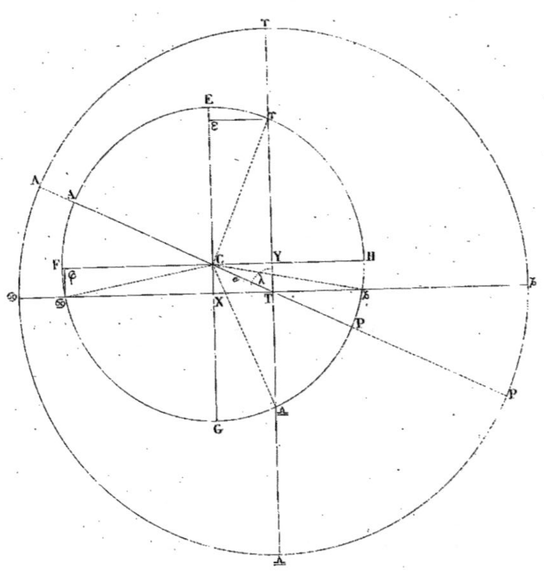

Fig. 2.

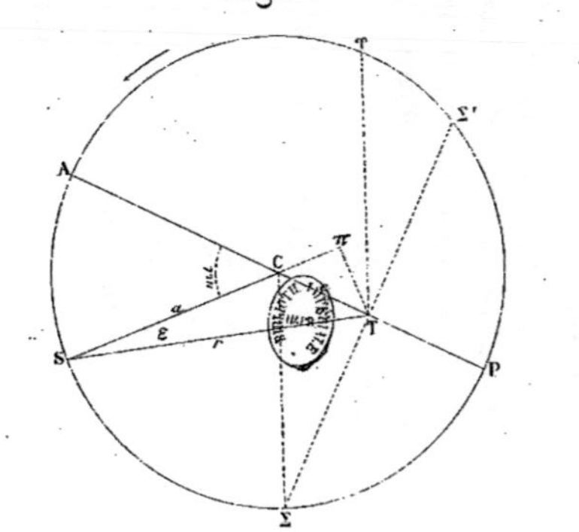